计算机科学与技术丛书

软件工程项目开发实践

手把手教你掌握13个精彩案例设计

陈星 汪璟玢 周咏杰 郑晶晶◎编著

清华大学出版社
北京

内 容 简 介

本书基于"高级软件工程"课程实践，将课程中整理的13个软件工程开发案例编写为软件工程项目实践开发案例库。案例覆盖了从需求分析到系统设计，再到编码实现及测试验证的全过程，旨在深化读者对软件工程各阶段的理解。

本书可作为"高级软件工程""项目管理与实践"等课程的教材，也可作为软件开发工程师、项目经理等相关人员的参考读物。

图书在版编目（CIP）数据

软件工程项目开发实践：手把手教你掌握13个精彩案例设计 / 陈星等编著. -- 北京：清华大学出版社，2024. 12. --（计算机科学与技术丛书）. -- ISBN 978-7-302-67678-2

Ⅰ. TP311.52

中国国家版本馆 CIP 数据核字第 20247LA736 号

责任编辑：崔　彤
封面设计：李召霞
责任校对：王勤勤
责任印制：宋　林

出版发行：清华大学出版社
　　　　网　　　址：https：//www. tup. com. cn，https：//www. wqxuetang. com
　　　　地　　　址：北京清华大学学研大厦 A 座　　　邮　　编：100084
　　　　社 总 机：010-83470000　　　　　　　　邮　　购：010-62786544
　　　　投稿与读者服务：010-62776969，c-service@tup. tsinghua. edu. cn
　　　　质量反馈：010-62772015，zhiliang@tup. tsinghua. edu. cn
　　　　课件下载：https：//www. tup. com. cn，010-83470236
印 装 者：三河市铭诚印务有限公司
经　　销：全国新华书店
开　　本：186mm×240mm　　印　张：13　　　　　字　　数：244 千字
版　　次：2024 年 12 月第 1 版　　　　　　　印　　次：2024 年 12 月第 1 次印刷
印　　数：1～1000
定　　价：89.00 元

产品编号：105243-01

前 言
PREFACE

在数字化时代,软件开发已成为推动技术进步的重要力量。在面向产出的教育理念下,将理论与实践融合,在课程中引入项目实践,切实提高学生解决实际场景下复杂软件工程问题的能力,是当下高校计算机类人才培养的共识。为了响应这一教育趋势,编者结合近年对软件工程理论新技术的研究,引导学生在项目中融入科研方向,促进研究性学习和创新思维培养;同时在实践的各主要阶段,要求学生将理论知识在项目实践中加以运用,由此实现对项目实践能力的培养。

在上述背景下,本书甄选多年教学的项目实践案例,并对这些案例进行精心整理,每个案例都是一个完整的工程项目,涵盖软件工程中的需求分析、概要设计、详细设计和测试。通过本书的学习,学生能够针对复杂软件工程问题,构建表达准确的需求分析模型,设计并开发高效可靠的服务组件或服务系统;能够结合每个项目案例分析,深入地理解各个软件开发实际环节的技术和理论,掌握软件工程方面的新技术(包括设计模式、软件复用、分布式软件工程、面向服务的体系结构、基于组件的软件工程、项目管理等)、新概念和新方法,提高解决复杂工程问题的能力。

本书是一本系统性和实战性的图书,对计算机类高年级本科生、学术型/专业型的硕士研究生都有很好的借鉴作用。编写本书的初衷是希望能够为软件工程的学习者和实践者提供一个实用、全面的学习资源。相信通过对这 13 个案例的学习,读者不仅能够掌握软件开发的基本技能和核心理念,还能够激发自己的创新思维,为解决实际问题提供新的视角和方法。本书可作为"高级软件工程""项目管理与实践"等课程的教材,也可作为软件开发工程师、项目经理等相关人员的参考读物。

本书的编写和出版得到了清华大学出版社编辑的支持,他们对编写内容提出了宝贵意见。

由于编者水平有限,书中难免有疏漏和不足之处,恳请读者批评指正。

编 者

2024 年 10 月

目 录
CONTENTS

第 1 章 基于代码分析的系统 UML 图生成项目 ······························ 1

1.1 相关背景 ··· 1

1.2 需求分析 ··· 2

1.3 系统设计 ··· 5

1.4 小结 ·· 11

第 2 章 电影推荐系统项目 ·· 12

2.1 相关背景 ·· 12

2.2 需求分析 ·· 13

    2.2.1 用例图 ·· 13

    2.2.2 原型图 ·· 14

2.3 系统设计 ·· 15

    2.3.1 体系结构设计 ·· 15

    2.3.2 功能介绍 ·· 16

    2.3.3 数据库设计 ·· 17

    2.3.4 设计模式 ·· 20

    2.3.5 推荐算法设计 ·· 23

    2.3.6 运行设计 ·· 26

    2.3.7 出错处理措施 ·· 27

    2.3.8 测试分析 ·· 27

2.4 小结 ·· 28

第 3 章 大学生信用培养平台项目 ·· 30

3.1 相关背景 ·· 30

3.2 需求分析 ·· 31

    3.2.1 用例图 ·· 31

    3.2.2 原型图 ·· 34

3.3 系统设计 ·· 35

    3.3.1 体系结构设计 ·· 35

    3.3.2 功能介绍 ·· 36

    3.3.3 验收标准 ·· 38

    3.3.4 出错处理措施 ·· 39

    3.3.5 测试用例 ·· 40

3.4 小结 ·· 42

第 4 章 流萤经济学社网站项目 ··· 43

4.1 相关背景 ·· 43

4.2 需求分析 ·· 44

    4.2.1 用例图 ·· 44

    4.2.2 原型图 ·· 45

4.3 系统设计 ·· 46

    4.3.1 体系结构设计 ·· 46

    4.3.2 功能介绍 ·· 47

    4.3.3 数据库设计 ·· 48

    4.3.4 设计模式 ·· 51

    4.3.5 运行设计 ·· 54

    4.3.6 系统出错处理设计 ·· 54

4.4 小结 ·· 55

第 5 章 基于 Python 爬虫的资源搜索网站项目 ·································· 56

5.1 相关背景 ·· 56

5.2 需求分析 ·· 57

    5.2.1 用例图 ·· 57

    5.2.2 原型图 ·· 60

5.3 系统设计 ·· 61

　　　　5.3.1　体系结构设计 …………………………………………… 61

　　　　5.3.2　功能介绍 …………………………………………………… 62

　　　　5.3.3　数据库设计 …………………………………………………… 65

　　　　5.3.4　设计模式 …………………………………………………… 67

　　　　5.3.5　出错处理措施 ………………………………………………… 70

　　　　5.3.6　测试分析 …………………………………………………… 70

　　5.4　小结 ………………………………………………………………… 73

第 6 章　实验室协作系统项目 ………………………………………………… 74

　　6.1　相关背景 …………………………………………………………… 74

　　6.2　需求分析 …………………………………………………………… 75

　　　　6.2.1　用例图 …………………………………………………… 75

　　　　6.2.2　原型图 …………………………………………………… 81

　　6.3　系统设计 …………………………………………………………… 83

　　　　6.3.1　功能介绍 …………………………………………………… 83

　　　　6.3.2　数据库设计 …………………………………………………… 85

　　　　6.3.3　测试分析 …………………………………………………… 88

　　6.4　小结 ………………………………………………………………… 88

第 7 章　数据采集器项目 …………………………………………………… 90

　　7.1　相关背景 …………………………………………………………… 90

　　7.2　需求分析 …………………………………………………………… 92

　　　　7.2.1　用例图 …………………………………………………… 92

　　　　7.2.2　原型图 …………………………………………………… 94

　　7.3　系统设计 …………………………………………………………… 95

　　　　7.3.1　体系结构设计 ………………………………………………… 95

　　　　7.3.2　功能介绍 …………………………………………………… 95

　　　　7.3.3　数据库设计 …………………………………………………… 99

　　　　7.3.4　设计模式 …………………………………………………… 103

　　　　7.3.5　运行设计 …………………………………………………… 106

　　　　7.3.6　出错处理措施 ………………………………………………… 107

7.4 小结 ……………………………………………………………………… 108

第8章 小说推荐系统项目 …………………………………………………… 109

8.1 相关背景 …………………………………………………………………… 109

8.2 需求分析 …………………………………………………………………… 110

    8.2.1 用例图 …………………………………………………………… 110

    8.2.2 原型图 …………………………………………………………… 111

8.3 系统设计 …………………………………………………………………… 112

    8.3.1 体系结构设计 ……………………………………………………… 112

    8.3.2 功能介绍 …………………………………………………………… 113

    8.3.3 数据库设计 ………………………………………………………… 114

    8.3.4 设计模式 …………………………………………………………… 118

    8.3.5 运行设计 …………………………………………………………… 122

    8.3.6 测试分析 …………………………………………………………… 123

8.4 小结 ………………………………………………………………………… 123

第9章 研究生培养管理系统项目 ………………………………………… 124

9.1 相关背景 …………………………………………………………………… 124

9.2 需求分析 …………………………………………………………………… 125

    9.2.1 用例图 …………………………………………………………… 125

    9.2.2 原型图 …………………………………………………………… 126

9.3 系统设计 …………………………………………………………………… 127

    9.3.1 体系结构设计 ……………………………………………………… 127

    9.3.2 功能介绍 …………………………………………………………… 128

    9.3.3 数据库设计 ………………………………………………………… 129

    9.3.4 设计模式 …………………………………………………………… 133

    9.3.5 运行设计 …………………………………………………………… 135

    9.3.6 出错处理措施 ……………………………………………………… 136

    9.3.7 测试分析 …………………………………………………………… 137

9.4 小结 ………………………………………………………………………… 139

第 10 章　Magic 图像处理小程序项目 ‥‥‥‥‥‥‥‥‥‥‥‥‥‥‥‥‥‥‥ 140

10.1　相关背景 ‥‥‥‥‥‥‥‥‥‥‥‥‥‥‥‥‥‥‥‥‥‥‥‥‥‥‥ 140

10.2　需求分析 ‥‥‥‥‥‥‥‥‥‥‥‥‥‥‥‥‥‥‥‥‥‥‥‥‥‥‥ 141

　　　10.2.1　用例图 ‥‥‥‥‥‥‥‥‥‥‥‥‥‥‥‥‥‥‥‥‥‥‥ 141

　　　10.2.2　原型图 ‥‥‥‥‥‥‥‥‥‥‥‥‥‥‥‥‥‥‥‥‥‥‥ 142

10.3　系统设计 ‥‥‥‥‥‥‥‥‥‥‥‥‥‥‥‥‥‥‥‥‥‥‥‥‥‥‥ 143

　　　10.3.1　体系结构设计 ‥‥‥‥‥‥‥‥‥‥‥‥‥‥‥‥‥‥‥ 143

　　　10.3.2　功能介绍 ‥‥‥‥‥‥‥‥‥‥‥‥‥‥‥‥‥‥‥‥‥ 143

　　　10.3.3　数据库设计 ‥‥‥‥‥‥‥‥‥‥‥‥‥‥‥‥‥‥‥‥ 145

　　　10.3.4　设计模式 ‥‥‥‥‥‥‥‥‥‥‥‥‥‥‥‥‥‥‥‥‥ 145

　　　10.3.5　运行设计 ‥‥‥‥‥‥‥‥‥‥‥‥‥‥‥‥‥‥‥‥‥ 150

　　　10.3.6　系统出错处理设计 ‥‥‥‥‥‥‥‥‥‥‥‥‥‥‥‥‥ 150

　　　10.3.7　测试分析 ‥‥‥‥‥‥‥‥‥‥‥‥‥‥‥‥‥‥‥‥‥ 150

10.4　小结 ‥‥‥‥‥‥‥‥‥‥‥‥‥‥‥‥‥‥‥‥‥‥‥‥‥‥‥‥‥ 151

第 11 章　福州大学二手购物网站项目 ‥‥‥‥‥‥‥‥‥‥‥‥‥‥‥‥‥‥ 153

11.1　相关背景 ‥‥‥‥‥‥‥‥‥‥‥‥‥‥‥‥‥‥‥‥‥‥‥‥‥‥‥ 153

11.2　需求分析 ‥‥‥‥‥‥‥‥‥‥‥‥‥‥‥‥‥‥‥‥‥‥‥‥‥‥‥ 154

　　　11.2.1　用例图 ‥‥‥‥‥‥‥‥‥‥‥‥‥‥‥‥‥‥‥‥‥‥‥ 154

　　　11.2.2　原型图 ‥‥‥‥‥‥‥‥‥‥‥‥‥‥‥‥‥‥‥‥‥‥‥ 155

11.3　系统设计 ‥‥‥‥‥‥‥‥‥‥‥‥‥‥‥‥‥‥‥‥‥‥‥‥‥‥‥ 156

　　　11.3.1　体系结构设计 ‥‥‥‥‥‥‥‥‥‥‥‥‥‥‥‥‥‥‥ 156

　　　11.3.2　功能介绍 ‥‥‥‥‥‥‥‥‥‥‥‥‥‥‥‥‥‥‥‥‥ 157

　　　11.3.3　数据库设计 ‥‥‥‥‥‥‥‥‥‥‥‥‥‥‥‥‥‥‥‥ 159

　　　11.3.4　设计模式 ‥‥‥‥‥‥‥‥‥‥‥‥‥‥‥‥‥‥‥‥‥ 162

11.4　小结 ‥‥‥‥‥‥‥‥‥‥‥‥‥‥‥‥‥‥‥‥‥‥‥‥‥‥‥‥‥ 166

第 12 章　DBLOG 博客系统项目 ‥‥‥‥‥‥‥‥‥‥‥‥‥‥‥‥‥‥‥‥ 167

12.1　相关背景 ‥‥‥‥‥‥‥‥‥‥‥‥‥‥‥‥‥‥‥‥‥‥‥‥‥‥‥ 167

12.2　需求分析 ‥‥‥‥‥‥‥‥‥‥‥‥‥‥‥‥‥‥‥‥‥‥‥‥‥‥‥ 168

12.2.1 用例图 ·· 168

12.2.2 原型图 ·· 169

12.3 系统设计 ··· 170

12.3.1 体系结构设计 ·· 170

12.3.2 功能介绍 ·· 171

12.3.3 数据库设计 ··· 172

12.3.4 设计模式 ·· 176

12.3.5 测试分析 ·· 180

12.4 小结 ·· 180

第 13 章 在线人才招聘系统项目 ··· 181

13.1 相关背景 ··· 181

13.2 需求分析 ··· 182

13.2.1 用例图 ·· 182

13.2.2 原型图 ·· 183

13.3 系统设计 ··· 184

13.3.1 功能介绍 ·· 184

13.3.2 数据库设计 ··· 185

13.3.3 设计模式 ·· 188

13.3.4 运行设计 ·· 191

13.3.5 系统出错处理设计 ·· 192

13.3.6 测试分析 ·· 193

13.4 小结 ·· 195

第 1 章 基于代码分析的系统

UML 图生成项目①

    福州大学与国网信通亿力科技有限责任公司长期合作,成立校企联合研发中心和产教融合研究生联合培养基地,取得了良好的社会经济效益,合作项目先后获得 2017 年度和 2019 年度福建省科技进步奖、2021 年度中国计算机学会科技进步杰出奖,并合作获批 2021 年度福建省研究生教改重大项目和 2021 年度福建省产教融合研究生联合培养基地。

    然而,由于公司业务众多、系统复杂及技术文档缺失等因素,编程开发人员在对公司遗留系统的维护升级及一些第三方软件的理解分析上存在着较大困难,导致企业在时间和资源的投入增加、业务进度缓慢从而影响项目交付。研究及实践表明,软件资源预算的 50%~80% 消耗在对现有系统的维护上,而软件维护者理解程序源代码的时间要占整个软件维护的 47%~62%,因此,对现有软件系统的维护和改造是当前软件行业发展的一个重要趋势。采用程序理解的方式,开发帮助软件从业人员理解已有软件系统的方法和工具,对于提高企业生产效率、降低成本投入具有重要意义。

    本案例以掌握程序理解相关技术为教学目标,以基于代码分析的系统统一建模语言(Unified Modeling Language,UML)图生成为例,开展案例教学工作,介绍程序理解的原理和技术,指导学生基于代码分析获得系统知识,运用可视化工具生成系统的类图、顺序图、对象图等核心 UML 图,使学生初步掌握程序理解相关技术,提高解决实际问题的能力。

1.1 相关背景

    传统的软件工程主要关注新软件的分析与设计,但随着软件系统的规模扩大和复杂度日益提升,软件的生命周期越来越长,软件开发的很大一部分工作集中于维护和改造现有

---

① 本案例由陈星、汪璟玢、郭文忠、丁善镜和於志勇(来自福州大学计算机与大数据学院)提供。

的软件系统。这些现有系统的需求、设计决策、业务规则、历史数据等统称为遗留系统,如何充分利用这些有用的资产对新系统进行开发显得尤其重要。

程序理解是人们将程序及其环境对应到面向人的概念知识的过程,是软件开发过程中一项重要活动,无论是软件的维护还是测试或度量,都离不开对源代码的理解。随着软件规模的增大及复杂度的不断提升,程序理解变得越来越困难,耗费软件开发人员大量的时间和精力却往往还不能得到理想的效果。因此,对程序理解辅助工具的需求越来越迫切,急需开展辅助程序理解的相关教学工作,帮助熟悉程序理解的相关技术,掌握实现程序理解自动化的策略和方法。

程序静态分析是程序理解的重要技术,是指在不运行代码的方式下,通过词法分析、语法分析、控制流分析、数据流分析等技术对程序代码进行扫描,验证代码是否满足规范性、安全性、可靠性、可维护性等指标的一种代码分析技术。目前,静态分析技术正朝着模拟执行技术发展,从而能够发现更多传统意义上动态测试才能发现的缺陷,例如符号执行、抽象解释、值依赖分析等,并采用数学约束求解工具进行路径约减或者可达性分析以减少误报,提高效率。

对于程序分析所获得的系统信息,信息可视化可以更有效地帮助程序理解。UML 应用于软件系统信息可视化,是针对面向对象软件的一种统一的、标准的、可视化的建模语言。UML 因其简单、统一的特点,而且能表达软件设计中的动态和静态信息,目前已成为可视化建模语言的工业标准。UML 从考虑系统的不同角度出发,定义了用例图、类图、对象图、状态图、活动图、序列图、协作图、构件图、部署图 9 种图。这些图是软件开发人员所见的最基本的构造,从不同的层面对系统进行描述。软件开发人员将这些不同的侧面综合成一致的整体,便于系统的分析和构造。

基于上述工作,为了实现对现有软件系统的维护和改造,利用程序静态分析技术获取软件系统的结构和功能,我们结合了当下主流的建模语言自动生成多种角度的 UML 图,为用户理解程序提供更全面有效的帮助。

1.2 需求分析

面向遗留系统利用程序理解技术生成对应程序的类图、对象图和顺序图。该技术利用了静态代码分析工具 Soot 和 UML 绘图工具 PlantUML。利用 Soot 对系统进行静态代码分析获得系统的主要信息,包括类的信息、对象的信息及方法间的调用信息,再利用

PlantUML 工具实现系统信息的可视化展示。

本节以某车联网系统为例,对类图、顺序图、对象图自动生成技术进行需求分析。该系统由租借界面类、操作类、租金计算类、交通工具类、小车类、公车类、司机类组成,采用 Java 程序的基础框架进行开发,具有代表性。

1. 类图自动生成技术

类图是一种静态的结构图,它描述了系统的类的集合、类的属性和类之间的关系,可以简化人们对系统的理解。此外,类图是系统分析和设计阶段的重要产物,是系统编码和测试的重要模型。

类图由类、包、接口及类间关系构成。其中类由类的名称、类的属性、类所提供的方法三部分构成,属性和方法之前可附加可见性修饰符;包是一种常规用途的组合机制;接口是一系列操作的集合,它指定了一个类所提供的服务;常见的类间关系有关联关系、继承关系、依赖关系、复合关系、聚合关系、实现关系等。

在车联网系统中,主函数所在的界面类调用了操作类和交通工具类,因此它们之间存在依赖关系,其中一个操作类对应多个交通工具类,而一个交通工具只对应一个司机类。

类图自动生成技术的目标在于生成的类图不仅要能反映所有类的属性和方法信息,还要能正确反映类与类之间的继承关系、关联关系、依赖关系和实现关系。

项目使用 Soot 工具分析得到类、方法层面的基本信息,编写 PlantUML 程序自动生成类图,进而实现对给定系统的类图可视化。

图 1-1 展示了类图生成的流程及所生成的类图。

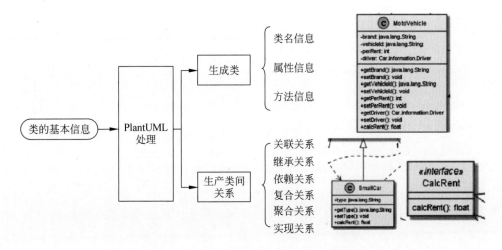

图 1-1　类图生成的流程及所生成的类图

2．顺序图自动生成技术

顺序图显示的是系统中参与交互的对象及对象之间消息交互的顺序，图中主要包括对象、生命线、控制焦点、消息等建模元素，其中对象在概念上与类图中的定义一致，生命线表示对象的生存时间，控制焦点是在生命线上的一个细长条，表示对象的一个操作在执行，消息是对从一个实例向另一个实例进行信息传输的说明。

在车联网系统中，主函数内创建了 MotoOperation 类型的 motoOpr 对象，该对象又创建了多个 Driver 类型、SmallCar 类型和 Bus 类型的对象，最后 motoOpr 对象调用了 rentVehicle 方法下的 getBrand()、getSeat() 等函数并返回相应的值。

顺序图自动生成技术的目标在于生成的顺序图中要能体现调用方法的次序以及返回值，每个方法都是从一个对象开始到另一个对象结束的消息箭头，每个方法在进行时都有控制焦点，并且返回时能体现返回信息。

顺序图的自动生成技术可以分为两个步骤：通过 Soot 工具对遗留系统进行代码分析，获取系统的方法、语句以及方法调用顺序等信息，再通过 PlantUML 工具将这些信息映射为顺序图元素并可视化。

图 1-2 展示了顺序图生成的流程及所生成的顺序图。

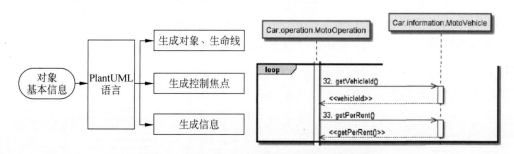

图 1-2　顺序图生成的流程及所生成的顺序图

3．对象图生成技术

对象图是表示在某一时刻一组对象及对象之间关系的图形，一个对象图是类图的。对象图中的建模元素主要有对象和链，其中对象是类的实例，由对象名称和属性构成，对象通过其类型、名称和状态区别于其他对象而存在；链是类之间关联关系的实例，是两个或多个对象之间的独立链接。因此，链在对象图中的作用类似于关联关系在类图中的作用。

在车联网系统中，操作类创建的对象有 8 个 Driver 类型的 object、4 个 SmallCar 类型的 object 及 4 个 Bus 类型的 object。租借界面类创建的对象有 1 个 MotoVehicle 类型的 object。

对象图自动生成技术的目标在于,生成的对象图能体现正确的对象信息,包括对象的类型、对象的属性,以及各对象之间的调用关系。

对象图的自动生成技术可以分为两个步骤:通过 Soot 工具对遗留系统进行代码分析,获取系统的对象表、对象调用关系表和对象参数表,再通过 PlantUML 工具将这些信息映射为对象图元素并可视化。

图 1-3 展示了对象图生成的流程及所生成的对象图。

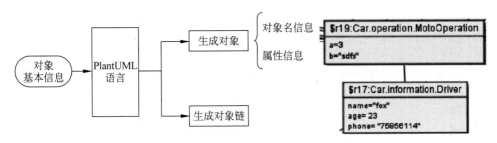

图 1-3 对象图生成的流程及所生成的对象图

1.3 系统设计

1. 基于代码分析的系统 UML 图生成方法

基于代码分析的系统 UML 图生成方法如图 1-4 所示。

基于程序理解相关技术,从系统代码生成系统 UML 图,主要包括两个步骤。

步骤 1:采用 Soot 工具对系统代码进行静态代码分析,获得系统知识。Soot 是一种 Java 字节码分析工具,通过它可以分析 Java 源代码,让用户对程序有直观的了解。

(1) 基于 Soot 工具的类加载功能,获得系统代码的类、方法、属性等类主要信息。

(2) 基于 Soot 工具的过程间分析功能,设计算法获得系统代码的对象方法调用信息。

步骤 2:采用 PlantUML 工具对获得的系统知识进行可视化,生成系统的类图、顺序图、对象图等核心 UML 图。PlantUML 是一种 UML 图绘制工具,它通过成套的标记性语言来定义每种 UML 模型的元素和模块,从而生成对应的 UML 图。

(1) 将系统代码的类主要信息按 PlantUML 语言规范进行描述,生成系统的类图。

(2) 将系统代码的方法调用信息按 PlantUML 语言规范进行描述,生成系统的顺序图。

(3) 将系统代码的对象及对象间调用信息按 PlantUML 语言规范进行描述,生成系统

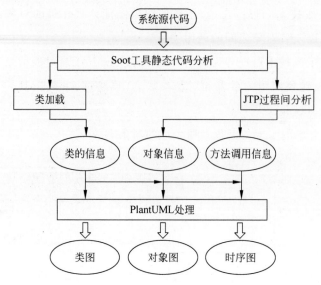

图 1-4　基于代码分析的系统 UML 图生成方法

的对象图。

接下来将分别介绍三种不同图的具体处理过程。

2．类图的自动生成技术

类图的自动生成技术具体实现过程如下。

步骤 1：通过 Soot 工具分析代码进行类加载以获得类的基本信息，这些信息包括类、属性、方法及类关系。类图的静态代码分析流程如图 1-5 所示。

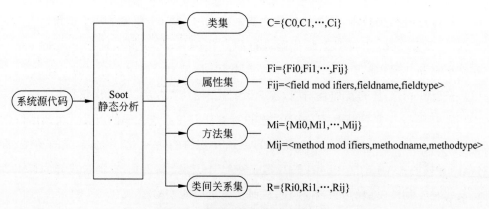

图 1-5　类图的静态代码分析流程

获取类名：Soot 工具中提供了函数 Scene. v（）. getApplicationClasses（）用于加载所有类，得到 class 链表，以 Iterator 方式遍历获取所有类，调用函数 Soot. SootClass. getName（）

获得类名信息,并以 ArrayList < String >方式将类名保存。获得结果为类集合 C＝{C0, C1,…,Ci},其中 Ci 表示类名。

获取属性信息:调用函数 Ci. getFields(). iterator()加载类属性,并以 Iterator 方式遍历获得所有属性,调用属性函数 Soot. SootField()保存属性权限、属性名、属性类型。获得结果为属性集合 Fi＝{Fi0,Fi1,…,Fij},其中 Fij 表示 Ci 类的第 j 个属性,每个属性 Fij 定义为 Fij＝< field mod ifiers, fieldname, fieldtype >。

获取方法信息:调用函数 Ci. getMethods(). iterator()加载类方法,并以 Iterator 方式遍历获得所有方法,调用方法函数 Soot. SootMethod()保存方法权限、方法名、方法返回类型。获得结果为方法的集合 Mi＝{Mi0,Mi1,…,Mij},其中 Mij 表示 Ci 类的第 j 个方法,每个方法 Mij 定义为 Mij＝< method mod ifiers, methodname, methodtype >。

获取类间关系:调用函数 Ci. getSuperclass()加载类的父类,保存继承关系;调用函数 appclass. getInterfaces()获取接口信息;最后通过调用函数 type. contains()判断语句中是否有类属性,判断类间是否存在关联关系。类间关系集合定义为 R＝{Ri0,Ri1,…,Rij},其中 Rij 表示 Ci 类的第 j 个 1 对多关联的类。

步骤2:通过 PlantUML 语言利用获取的类信息实现系统类图的可视化。

生成每个类:通过遍历已存储的字符列表方式和拼接字符串的方式取出信息,表示为 class 类名{访问权限 属性名:属性类型;访问权限;方法名() },进而实现类的可视化。以图 1-6 为例,类 A 包含属性 name 和方法 methodA(),表示为 class A{char: name void methodA()}。

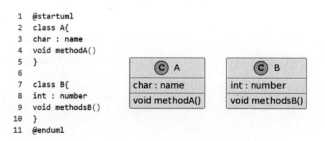

图 1-6 类的生成

生成类间关系:通过遍历类间关系集合和拼接字符串的方式,生成类间关系。以图 1-7 为例,对于存在继承关系的两个类,表示为 Class01 <|--Class02;对于存在组合关系的两个类,表示为 Class03 * --Class04;对于存在聚合关系的两个类,表示为 Class05 o-- Class06;对于存在依赖关系的两个类,表示为 Class07..Class08;对于存在关联关系的两个类,表示为 Class09--Class10。

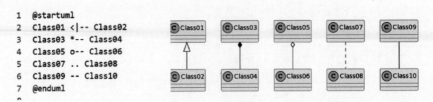

```
1  @startuml
2  Class01 <|-- Class02
3  Class03 *-- Class04
4  Class05 o-- Class06
5  Class07 .. Class08
6  Class09 -- Class10
7  @enduml
```

图 1-7　类间关系的生成

3. 顺序图的自动生成技术

顺序图的自动生成技术具体实现过程如下。

步骤 1：通过 Soot 工具分析代码获得类、属性、语句、方法的基本信息，再基于深度优先算法动态模拟执行方法的每一语句获取系统的方法调用关系表、方法返回值表和 loop/end 表。顺序图的代码分析流程如图 1-8 所示。

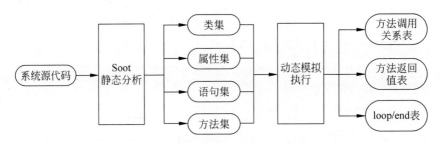

图 1-8　顺序图的代码分析流程

Soot 代码分析：同类图自动生成技术，通过 Soot 工具分析代码进行类加载以获得类的基本信息，再通过 Soot 工具进行 JTP 过程间分析获取所有方法以及方法下的所有语句。JTP 过程间分析具体为：调用函数 Soot. Body. getUnits() 获取方法下的所有语句并输出 Uij。

处理输出的 Mi、Uij：处理步骤 1 得到的方法集和语句集，将语句分类并保存到对应的哈希表中。具体步骤为：逐一分析方法 Mi 中每条语句 Uij，将赋值语句、调用语句、返回语句、跳转语句保存到对应的哈希映射表。

动态模拟执行：根据所得到的语句分类集合，基于深度优先算法逐一执行每一方法中的每一语句以获取方法调用关系表、方法返回值表和 loop/end 表。具体步骤为：给定待解析的入口方法，进入方法，取出该方法的所有语句；判断每一语句类型并模拟执行；通过返回语句得到所有方法的返回值表，通过调用语句得到方法调用关系表，通过循环判断语句得到 loop/end 表。

步骤 2：将步骤 1 中得到的方法调用关系表、方法返回值表和 loop/end 表作为

PlantUML 的输入、输出顺序图。

生成对象、生命线：遍历类集合，用 participant 关键字声明一个参与者类，表示为 participant class_name，生成顺序图的对象。以图 1-9 为例，对于对象 Car. operation. MotoOperation，表示为 participant Car. operation. MotoOperation。

图 1-9　对象、生命线的生成

生成控制焦点：遍历每一方法的每条语句，当为调用语句且调用方法不是本对象方法时，激活生命线开始控制焦点，表示为 activate < name >；方法返回时结束控制焦点，表示为 deactivate < name >。以图 1-10 为例，对于开始控制焦点，表示为 activate fo1；对于结束控制焦点，表示为 deactivate fo1。

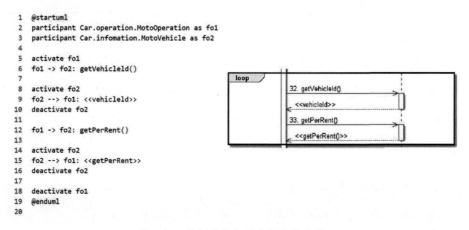

图 1-10　控制焦点与对象消息的生成

生成对象消息：声明开始控制焦点后，采用栈的算法结构，将调用方法逐个放入栈中，并生成对象消息，表示为栈顶方法所属类→调用方法 Ci: Mi( )；继续遍历方法语句，当方法返回时，栈顶方法出栈，根据方法返回值生成返回消息，表示为 Ci→栈顶方法所属类 < return >。以图 1-10 为例，对于对象间同步消息，表示为 fo1-> fo2: getVehicleId( )；对于返回消息，表示为 fo2--> fo1: << vehicleId >>。

4. 对象图自动生成技术

对象图的自动生成技术可以分为两个步骤，具体实现过程如下。

步骤1：通过Soot工具分析代码获得系统源代码的类、属性、语句、方法的基本信息，再基于深度优先算法动态模拟执行方法的每条语句获取对象参数表和对象间调用关系表。对象图的代码分析流程如图1-11所示。

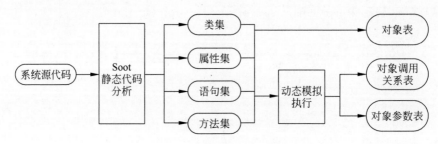

图1-11 对象图的代码分析流程

处理输出的C_i、M_{ij}、U_{ij}：分析得到的类集合C_i、方法集合M_i和语句集合U_{ij}，得到每个方法的属性-值表param2、对象表obj_i和形参表param。根据方法声明语句得到对象表$obj_i=<M_{ij},C_r,objectId>$，其中$M_{ij}$为创建该对象的方法，$C_r$为对象类型，objectId是该对象唯一的标识符；根据对象声明语句得到形参表$param=<M_{ij},pId,pName>$，其中M_{ij}为方法名，pId为参数号，pName为参数名；根据普通赋值语句得到方法的属性-值表为$param2<M_{ij},Name,Value>$。

动态模拟执行：根据得到的方法集合M_i、语句集U_{ij}、形参表param、属性-值表param2，采用深度优先算法动态模拟执行语句得到对象参数$objparam$、对象之间调用关系表$invoke_{ij}$。具体步骤如下：逐一分析每一方法的每条语句U_{ij}，当语句为调用语句时，创建每个对象的调用方法，得到对象参数表$objparam=<obj_i,Name_j,value_j>$，其中$obj_i$为对象名，$Name_j$为属性名，$value_j$为属性值；对象之间调用关系表$invoke_{ij}=<obj_i,obj_j,M_{ij},M_{pq},invokeTime,invokeId>$，其中$M_{ij}$表示$obj_i$调用的方法，$M_{pq}$表示$obj_j$调用的方法，invokeTime表示方法调用的次数，invokeId表示调用的唯一标识符。

步骤2：将步骤1中得到的对象表、对象调用关系表和对象参数表利用获取的类信息作为输入，运用PlantUML语言输出对象图。

生成对象：通过遍历对象表和拼接字符串的方式，创建对象图的对象元素，表示为object objectname：classname，再通过遍历对应的对象参数表添加对象属性，表示为objectId：fieldname fieldvalue。以图1-12为例，对于创建对象Car.operation.MotoOperation，表示为object Car.operation.MotoOperation；添加对象属性a并赋值为3，表示为Car.operation.MotoOperation：a＝3。

生成对象链：生成对象之间的链接。通过遍历对象间调用关系表和拼接字符串的方

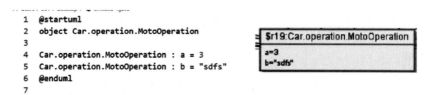

图 1-12　对象的生成

式,生成对象链,表示两个类间存在调用关系,表示为 object01-object02,最终实现对象图的可视化。以图 1-13 为例,对于对象 Car. operation. MotoOperation 和 Car. Information. Driver 间的对象链,表示为 Car. operation. MotoOperation..Car. Information. Driver。

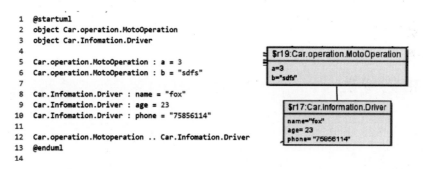

图 1-13　对象链的生成

1.4　小结

本案例源自国网信通亿力科技有限责任公司的实际业务需求,能够培养学生使用科学理论和技术解决实际问题的能力。案例主要内容是基于代码分析的系统 UML 图生成,能够涵盖程序理解的基础原理和技术。案例相关技术发表高水平学术论文 3 篇,获授权国家发明专利 3 件,获得软件著作权 2 项,具有一定的技术门槛和开发难度,能够激发科研兴趣、培养创新意识。

本案例从程序理解技术的科学理论出发,开展"基于代码分析的系统 UML 图生成"的案例教学工作,将科学与技术两方面深入融合到教学过程中。本案例应用于福州大学计算机与大数据学院电子信息专业学位硕士研究生课程"高级软件工程""软件体系结构"等,累计授课超过 500 人次,取得了优异的教学效果。

第 2 章

电影推荐系统项目①

在数字时代,电影产业正经历着巨大的变革,观看电影已成为人们日常生活中一项不可或缺的娱乐活动。为了更好地满足观众的个性化需求,电影推荐系统应运而生。

2.1 相关背景

随着信息技术和社交网络的飞速发展,我们逐步迈入大数据时代。这一时代的显著特征之一便是海量数据的存在,这些数据形成了庞大的信息海洋。然而,随着数据规模的增加,我们也面临着更加严峻的信息过载问题,即在海量数据中快速准确地找到个体所需的信息变得愈加困难。

传统的电影选择方式要求用户有明确的目标,然后通过互联网找到电影院并订购电影票。然而,如果用户并不确定自己想观看哪部电影,那么就需要在众多选项中逐一搜索,这往往会花费大量时间且消耗大量精力。为了让用户更轻松地找到符合其兴趣的电影,电影推荐系统应运而生。

电影推荐系统通过对用户的个人资料和兴趣偏好等信息进行深度分析,为用户提供个性化的推荐服务。同时,系统会追踪用户的行为记录,不断更新推荐结果,以实现实时、准确的推荐效果。电影推荐系统旨在为每位用户推荐符合其兴趣爱好的影片,提高电影的点击率。此外,电影推荐系统还能帮助电影制造商精准定位受众群体,极大地提高广告的宣传效率。在当前信息过载的大环境下,电影推荐系统的引入实现了用户和电影产业的双赢。

---

① 本案例由吴雨薇、陈为博、张富源和阮野(来自福州大学 2022 级软件工程专业和人工智能专业)提供。

2.2　需求分析

2.2.1　用例图

下面介绍本项目用户功能的用例图,如图 2-1 所示。

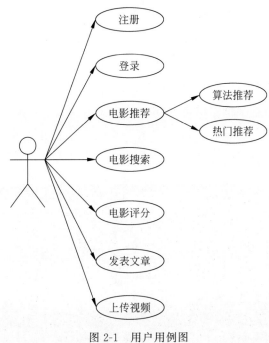

图 2-1　用户用例图

(1) 参与者:用户。

(2) 用例。

① 注册:用户通过输入邮箱、密码和验证码等进行注册。

② 登录:用户通过正确输入用户名及密码或邮箱及验证码登录系统。

③ 电影推荐:系统会根据用户的个人喜好和历史观影记录,通过智能算法进行个性化推荐或者提供热门电影推荐服务。

④ 电影搜索:系统根据用户输入的影片信息进行搜索。

⑤ 电影评分:用户对电影进行评分。

⑥ 发表文章：用户在系统中发表文章。

⑦ 上传视频：用户在系统中上传视频。

（3）关系：注册是登录的前提条件，而登录则是后面5个用例的前提条件。

2.2.2　原型图

下面以电影推荐界面和电影详情界面为例介绍本项目的原型图设计。

如图 2-2 所示，电影推荐界面主要由以下几个组件构成：主菜单栏位于界面顶部，提供了导航到不同界面的选项（包括"首页""电影""电影推荐""更多"等选项），以帮助用户轻松浏览内容。电影主要海报组件占据界面中心，突出展示了一部推荐的电影，在突出主题的同时吸引用户的注意力。电影简要信息组件位于电影主要海报的左侧，展示了电影的基本信息，包括名称、评分、类别，帮助用户在短时间内获取电影的关键信息。界面左下角的"影片收藏"按钮允许用户将系统推荐的电影添加到个人收藏夹，为用户提供了便捷的保存操作。推荐电影列表组件位于界面的右侧，展示了其他推荐的电影，用户可以根据个人兴趣和偏好点击不同的电影选项，以获取更多详细信息。

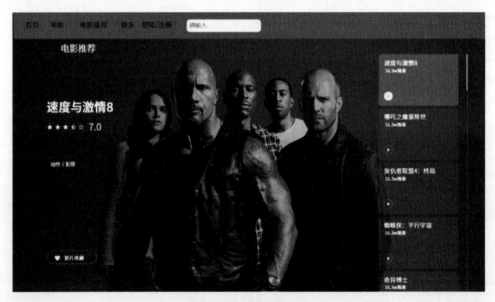

图 2-2　电影推荐界面

如图 2-3 所示的电影详情界面与电影推荐界面采用了相同的界面设计风格。主要由以下几个组件构成：主菜单栏置于界面顶部，为用户提供了便捷的导航和互动选项。电影详情组件位于界面的中心,它以电影海报为背景,突出展示了电影。它的左侧列出了电影的详细信息,包括名称、评分、简介等。评论框位于界面底部,用户可以在观影后发表自己的评论,以便让其他用户更好地了解影片,并促进互动讨论。

图 2-3　电影详情界面

2.3　系统设计

2.3.1　体系结构设计

电影推荐系统采用了前后端分离的架构,其中后端使用了 Spring Boot 框架,前端使用了 Vue.js 框架。前端通过 axios 请求获取 JSON 数据,随后进行简单的逻辑处理并将结果展示给用户。后端充分利用 Spring Boot 的特性,对数据库中的表和数据进行操作,并执行复杂的逻辑处理,包括个性化推荐等。Spring Boot 作为服务端提供 API,使得前后端实现完全分离。

Spring Boot 作为一种全新的框架,将 Spring 与 Spring MVC 整合在一起,为开发人员提供了更为简洁的 Web 应用程序开发方式。这种简化的开发流程显著提高了开发效率,使得开发人员不再需要编写大量烦琐的配置文件,能够更专注于业务逻辑的实现。

Spring 是 Spring Boot 的技术基础,控制反转与面向切面是它的两大特征。Spring 采用了一种称为控制反转(IoC)的技术,以降低组件之间的耦合。Spring 通过依赖注入(DI)来实现控制反转。简而言之,IoC 就像是一个 Bean 容器,而 DI 则是指依赖注入。在运行时,由容器负责管理和创建程序所需的类对象,而不是由关联的对象在内部显式地创建和使用。当一个类需要请求外部类的服务时,它会从容器中获得该外部类的实例对象。总而言之,应用 IoC 时,受依赖的其他对象是由容器被动提供的,而不是由对象在内部主动创建的。此外,在本系统中,经常会出现业务逻辑在代码中交叉出现的情况,比如事务、日志等。面向切面编程(AOP)的引入旨在解决交叉业务导致的代码编写重复的问题。在没有应用 AOP 时,通常习惯在方法内部编写大量的重复代码段,用于完成同一件事,比如数据库的连接与释放。

Spring MVC 是 Spring 框架内置的 MVC 实现,它将页面展示与业务逻辑分离,显著提高了可维护性,同时也极大地提高了开发效率。其中,核心组件 DispatcherServlet 本质上是一个 Servlet,负责处理请求。

前端采用 Vue.js 框架,遵循 MVVM(Model-View-View Model)设计模式。该模式实现了对 View 层和 View Model 层的双向数据绑定,使得 View Model 层的状态变化能够自动传递给 View 层。Model 层不仅包括描述业务逻辑和数据的类,还定义了对数据操作的业务规则。View 层代表用户界面组件,使用 CSS、JQuery、HTML 等技术,负责将从 View Model 层接收到的数据呈现给用户。View Model 层则负责暴露方法、命令和其他属性。

2.3.2 功能介绍

电影推荐系统具有四大主要功能,包括登录功能、用户功能、电影推荐和搜索功能、后台功能。下面根据功能架构图(见图 2-4),介绍本系统的核心功能。

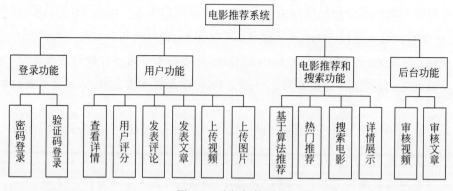

图 2-4 功能架构图

(1) 登录功能。

用户可以通过两种方式登录系统:一种是通过邮箱和验证码登录,另一种是通过用户名和密码登录。

（2）用户功能。

用户在系统中能够查看电影详情、对电影进行评分和评价,还可发表文章来深入分析电影剧情。此外,用户还可以上传个人录制的视频和拍摄的图片,这一功能丰富了系统内容,提高了用户之间的交互性。

（3）电影推荐和搜索功能。

电影推荐功能分为两种:一是基于算法推荐,二是热门推荐。基于算法推荐根据用户的历史喜好和行为数据进行个性化推荐,而热门推荐则基于广大用户的共同偏好。电影搜索功能能够让用户迅速找到自己感兴趣的电影,并通过详情展示界面全面了解电影信息。

（4）后台功能。

后台功能包括视频和文章的审核。管理员可以对用户上传的视频和文章进行审核,确保内容的合规性和质量。这一功能有助于保障系统的内容质量,提升用户体验。

2.3.3 数据库设计

1. 实体关系分析

基于系统功能需求,我们精心设计了数据库逻辑结构,具体的实体和属性列在了表 2-1 中。对这些实体和属性的详细分析,构建系统的实体关系。

表 2-1 实体-属性表

实　体	属　性
用户	用户 ID、用户名称、密码、邮箱
电影	电影 ID、IMDB 编号、名称、导演、类型、演员、观看人数、简介
电影收藏	电影 ID、用户 ID
评分	评分 ID、用户 ID、分数
文章	文章 ID、用户 ID、审核状态、标题、文章内容
视频	视频 ID、用户 ID、审核状态、标题、视频内容、简介、封面文件名
评论	电影 ID、用户 ID、评论内容

实体关系描述如下:

（1）用户:文章（1:n）。

关系描述:一名用户可以发布多篇文章,同时一篇文章只能被一名用户发布。

（2）用户：评分（1：n）。

关系描述：一名用户可以发布多个评分,同时一个评分只能被一名用户发布。

（3）用户：电影（n：n）。

关系描述：一名用户可以观看多部电影,同时一部电影可以被多名用户观看。

（4）用户：电影收藏（1：n）。

关系描述：一名用户可以对应多个电影收藏,同时一个电影收藏只能被一名用户生成。

（5）用户：评论（1：n）。

关系描述：一名用户可以发表多条评论,同时一条评论只能被一名用户发表。

（6）用户：视频（1：n）。

关系描述：一名用户可以上传多条视频,同时一条视频只能被一名用户上传。

（7）电影：评分（1：n）。

关系描述：一部电影可以有多个评分,同时一个评分只能属于一部电影。

（8）电影：电影收藏（1：1）。

关系描述：一部电影只能对应一个电影收藏,同时一个电影收藏只能对应一部电影。

2. 数据字典设计

基于实体关系图,本项目设计了用户表、电影表等表,如表 2-2 所示。这些数据库表的具体设计如表 2-3～表 2-9 所示。

表 2-2　数据库表

缩写/术语	解　释	缩写/术语	解　释
user	用户表	article	文章表
movie	电影基本信息表	video	视频表
collect	用户收藏的电影表	content	评论表
rate	评分表		

表 2-3　用户表（user）

字　段　名	数据类型	长　度	是否非空	是否为主键	备　注
id	int	20	是	是	用户 ID
user_name	varchar	255	否	否	用户名称
password	varchar	255	否	否	密码
email	varchar	255	否	否	邮箱

表 2-4　电影基本信息表（movie）

字　段　名	数 据 类 型	长　　度	是 否 非 空	是否为主键	备　　注
id	int	20	是	是	电影 ID
name	varchar	255	否	否	名称
director	varchar	255	否	否	导演
writer	varchar	255	否	否	编剧
actor	varchar	255	否	否	演员
type	varchar	255	否	否	类型
area	varchar	255	否	否	地区
language	varchar	255	否	否	语言
timing	datetime	—	否	否	上映日期
IMDb	varchar	255	否	否	IMDb 编号
score	double	32	否	否	评分
description	text	—	否	否	简介
star	double	32	否	否	评星
reviewer	int	20	否	否	观看人数
duration	varchar	255	否	否	片长

表 2-5　用户收藏的电影表（collect）

字　段　名	数 据 类 型	长　　度	是 否 非 空	是否为主键	备　　注
id	int	20	是	是	电影收藏 ID
user_id	int	20	是	否	用户 ID
movie_id	int	20	是	否	电影 ID

表 2-6　评分表（rate）

字　段　名	数 据 类 型	长　　度	是 否 非 空	是否为主键	备　　注
id	int	20	是	是	评分 ID
user_id	int	20	是	否	用户 ID
movie_id	int	20	是	否	电影 ID
score	int	20	否	否	评分

表 2-7　文章表（article）

字　段　名	数 据 类 型	长　　度	是 否 非 空	是否为主键	备　　注
id	int	20	是	是	文章 ID
user_id	int	20	是	否	用户 ID
title	varchar	255	否	否	标题
content	text	—	否	否	内容
status	varchar	2	否	否	审核状态

表 2-8 视频表(video)

字 段 名	数据类型	长 度	是否非空	是否为主键	备 注
id	int	20	是	是	视频 ID
user_id	int	20	是	否	用户 ID
title	varchar	255	否	否	标题
description	text	—	否	否	简介
video_name	varchar	255	否	否	视频文件名
cover_name	varchar	255	否	否	封面文件名
status	varchar	2	否	否	审核状态

表 2-9 评论表(content)

字 段 名	数据类型	长 度	是否非空	是否为主键	备 注
id	int	20	是	是	评论 ID
user_id	int	20	是	否	用户 ID
movie_id	int	20	是	否	电影 ID
content	text	20	否	否	内容

3. 安全保密设计

本系统没有划分权限,因此只有一种访问者。关于安全保密,本项目进行了以下四点设计。

(1)未登录的用户无法直接进入电影推荐系统的主界面。

(2)用户登录时,必须确保用户名和密码匹配,方可成功进入电影推荐系统的主页面。

(3)电子邮件在整个系统中保持唯一性。若用户在注册过程中使用已经被注册的电子邮箱,系统将重新导航至注册界面,并显示"您输入的电子邮箱已被注册"的提示信息。

(4)如果用户在登录时遗忘密码,则需要输入注册时使用的电子邮箱,并正确填写验证码,然后重新设置密码。

2.3.4 设计模式

1. 策略模式

如图 2-5 所示,系统根据输入的 userDTO 变量的类型来确定实际采用的登录策略。EmailLogin 和 normalLogin 分别表示邮箱登录方式和用户名登录方式。

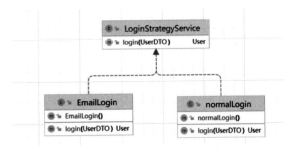

图 2-5 策略模式类图

2. 责任链模式

用户注册时,系统对输入的邮箱、用户名等进行格式判断和是否重复判断的过程可以视为一系列请求。使用责任链模式,可以将每个判断过程解耦,使各模块能够独立处理对应的业务。如图 2-6 所示,Handler 被解耦成了 EmailHandler、ValidateHandler 和 NameHandler 三部分。

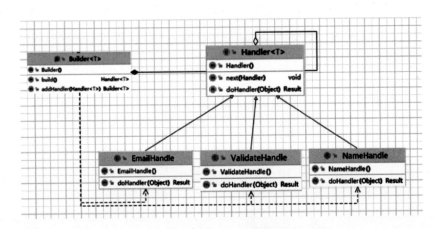

图 2-6 责任链模式类图

3. 观察者模式

用户完成注册后,系统会自动向用户邮箱发送相关信息,并通过弹窗等方式告知用户注册成功。如图 2-7 所示,用户注册成功后,EmailObserver 类和 NoticeObserver 类会捕获 Registration 类传递的注册成功信息。

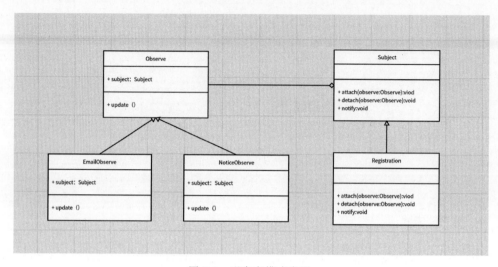

图 2-7　观察者模式类图

4.模板模式

模板模式通过反射创建对象。如图 2-8 所示,User_CF 类和 Item_CF 类继承父类 CollaborativeFiltering。在这两个子类中,calculateSimilarity()和 calculateScore()两个函数分别用于计算相似度和评分,且均为虚函数。

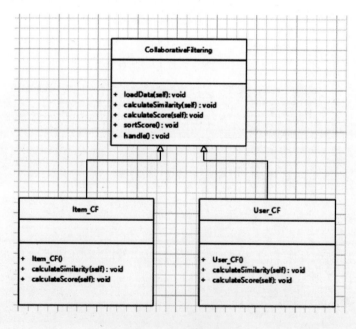

图 2-8　模板模式类图

5．单例模式

如图 2-9 所示，系统对数据库连接（DBUtil 类）采用了单例模式，这意味着在整个应用程序的生命周期中，只会存在一个数据库连接实例。这种设计确保了数据库连接的唯一性和一致性，有效地降低了资源消耗和性能开销。通过单例模式，系统能够在需要时轻松地获取数据库连接实例，并确保在任何情况下都能保持连接的稳定性和可靠性。

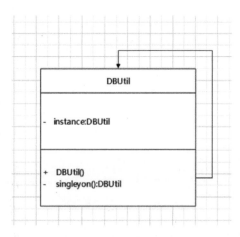

图 2-9　单例模式类图

2.3.5　推荐算法设计

本系统采用协同过滤算法来实现电影个性化推荐，其核心在于如何衡量用户之间或物品之间的相似度。然而，由于不同用户的观影体验极为主观，其评分标准也千差万别。专业影评人可能从剪辑手法、演员表演等角度进行严格评价，而一般观众可能更注重剧情是否吸引人。在这种情况下，评分的高低并不能作为唯一决定性标准。一部影片在影评人眼中的低分未必代表大部分观众会给予相同评价。因此，我们采用用户评论所蕴含的情感色彩来调整评分，以更好地反映观众真实的喜好。

（1）评论的情感分析。

获取电影评论的感情色彩的计算过程主要分为两个步骤：中文分词和去除停用词、计算情感极性值。

① 中文分词和去除停用词。

本项目使用 Python 中的第三方类库 jieba 来实现分词。jieba 基于前缀词典实现了高效的词图扫描,通过扫描输入文本,生成了汉字的所有可能成词的情况所构成的有向无环图。除此之外,采用动态规划查找最大概率路径,找出基于词频的最大切分组合。我们从数据库中读取所有评论信息,对于用户在同一电影下的多条评论,采用字符串拼接方法,将其拼凑成一个长评论。由于用户评论中可能包含许多语气词等无实际意义的词语,因此在分词之后,还需要剔除词集中的停用词。

② 计算情感极性值。

本项目使用 Python 中的第三方类库 SnowNLP 进行情感分析。SnowNPL 基于朴素贝叶斯算法实现文本的情感判别,通过计算条件概率对文本进行分类。只需将分词后的用户评论输入,即可得到一个取值范围为 0~1 的情感极性值。其中,情感极性值越高代表评论越积极。为了更好地在接下来的算法中使用,将该取值乘以 2,意味着当值为 1 时,评论呈中立色彩。

(2) 基于评论与评分的协同过滤算法。

前面介绍了如何得到电影评论的情感极性值,接下来将情感极性值融入协同过滤算法中。对于一部低分电影,其评分有两种可能:一是这部电影只值这个分数,二是这个低分是用户的评分下限。因此,我们采用层叠的方式计算用户评分,体现不同情绪下的真实评分。具体而言,计算公式如下所示:

$$r'_{ui}=r_{ui} \times \theta_{ui}$$

其中,r'_{ui}表示调整后的评分,r_{ui}表示用户对电影的初始评分,θ_{ui}表示用户的情感极性值。θ_{ui}取值为 0~2,取值越大表示用户情绪越偏向正向。

相似性的度量通常采用余弦公式,计算公式如下:

$$\text{sim}_{uv} = \frac{|N(u) \bigcap N(v)|}{|\sqrt{|N(u)| \cdot |N(v)|}|}$$

其中,sim_{uv}表示用户 u 与用户 v 之间的相似度,$N(u)$ 与 $N(v)$ 分别表示用户 u 与用户 v 已评分的电影。

接着,将用户向量的内积展开为各元素乘积和,可以得到计算公式:

$$\text{sim}_{uv} = \frac{\sum_i r'_{ui} \times r'_{vi}}{\sqrt{\sum_i r'^2_{ui}} \times \sqrt{\sum_i r'^2_{vi}}}$$

考虑到实际数据中涉及的电影与用户数据较多,下面以举例的方式说明计算流程。

① 获取用户与电影列表,初始化评分矩阵,如表 2-10 所示。

② 将用户的电影评分与评论的情感极性值层叠计算加入矩阵中,用户未评分过的电影值记为 0,缺少评论信息的评分记录默认极性值取值为 1,即假设缺失评论的情况下对原评

分不影响。结果如表 2-11 所示。

表 2-10 初始矩阵

用 户	电影 1	电影 2	电影 3	电影 4	电影 5
用户 1	0	0	0	0	0
用户 2	0	0	0	0	0
用户 3	0	0	0	0	0
用户 4	0	0	0	0	0
用户 5	0	0	0	0	0

表 2-11 评分矩阵

用 户	电影 1	电影 2	电影 3	电影 4	电影 5
用户 1	0	1.6	0	8.2	0
用户 2	5.4	0	7.4	9.3	0
用户 3	0	9.8	0	6.9	5.2
用户 4	3.6	8.1	4.5	7.3	8.5
用户 5	0	9.2	0	0	6.6

③ 计算相似度,筛选电影。

假设采用基于用户的协同过滤来为用户 5 推荐电影,我们可以计算出他与其他用户之间的相似度,如表 2-12 所示。

表 2-12 用户 5 与其他用户的相似度

用 户	用户 1	用户 2	用户 3	用户 4
用户 5	0.155	0	0.841	0.770

可以看出,与用户 5 相似度最高的用户是用户 3 与用户 4,可以使用以下公式预测用户对新电影的评分:

$$R_{up} = \frac{\sum_{v \in V} (w_{u,v} \cdot R_{vp})}{\sum_{v \in V} w_{u,v}}$$

其中,权重 $w_{u,v}$ 是用户 u 与用户 v 之间的相似度,R_{vp} 是用户 v 对电影 p 的评分。因此,可以预测用户 5 对未观看过的电影的推荐评分(表 2-13)。

表 2-13 用户 5 对未观看过电影的推荐评分

用 户	电影 1	电影 3	电影 4
用户 5	1.720	2.150	7.091

根据评分排序,应该将电影 4 推荐给用户 5。

同样,当采用基于物品的协同过滤来为用户进行个性化的电影推荐时,需要计算物品间的相似度。通过目标用户喜爱的电影,我们能发现与这些电影类型相似的电影集合,并预测用户对这些未观看过的电影的评分。

UserCF 基于用户相似度进行推荐,因此具有挖掘当前用户隐藏偏好的潜力。推荐结果来自相似用户的偏好,往往能带来意想不到的惊喜。该算法适用于用户数量较少且物品种类较多的场景,能在计算量小的情况下提高推荐的时效性,并具有社交特性。而 ItemCF 更接近于个性化推荐,在物品更新速度较慢的应用场景中表现出色,适用于用户较多且用户偏好相对固定的情况。

2.3.6 运行设计

1. 运行模块组合

客户端在有输入时启动数据接收模块,通过各模块之间的协调和调用,对输入进行格式化。一旦数据接收模块获取到足够的数据,将调用网络传输模块,通过网络将数据传输至服务器,并等待接收服务器返回的信息。一旦接收到返回信息,立即调用数据输出模块,对信息进行处理并生成相应的输出。服务器端的网络数据接收模块必须始终保持活动状态。在接收到数据后,调用数据处理模块对数据库进行访问,随后调用网络发送模块将信息返回给客户端。

2. 运行控制

运行控制将严格按照各模块间的函数调用关系来实现。在各事务中心模块中,需要正确判断运行控制,选择适当的运行控制路径。

在网络传输方面,客户端发送数据后将等待服务器的确认。一旦收到服务器的反馈,客户端再次等待服务器发送回答数据,随后对数据进行确认。服务器在接收到数据后发送确认信号,并在数据处理后,将返回信息传回客户端,等待确认。

3. 运行时间

在需求分析中,对运行时间的要求是必须对操作作出较快的反应。网络硬件对运行时间影响最大,特别是在网络负载量大的情况下,操作的响应会受到显著的影响。为此,采用高速的 100M 以太网络,以实现客户端与服务器之间的快速连接,从而降低网络传输开销。其次是服务器性能,它直接影响对数据库访问的时间,进而影响客户端的等待时间。因此,采用高性能的服务器,以确保系统能够快速响应用户的操作。

2.3.7　出错处理措施

通常,出错的环节发生在登录阶段。在这个过程中,系统会对可能出现的错误情况进行详细提示,如表 2-14 所示。这些错误信息会以标红形式展示给用户,以便用户能够清晰地识别问题,并根据提示进行正确地输入。这种人性化的错误提示不仅提升了用户体验,还让用户更容易理解问题所在,从而更快地解决登录问题。

表 2-14　常见错误信息表

编　　号	预　期　输　入	预　期　输　出
1	输入错误的用户名(fasdf)和正确的密码(123456)	账号不存在
2	输入正确的用户名(cool)和错误的密码(12345)	密码错误
3	输入格式错误的邮箱(ajkda)	邮箱格式错误
4	输入未注册的邮箱(zfyg@163.com)	邮箱未注册

2.3.8　测试分析

整个系统包含了以下几个模块:用户登录模块、搜索模块、管理模块等。其中,各模块下还包括了多个子模块,在开发过程中需要对每个子模块进行测试与分析,由于模块过多,本节仅展示用户登录模块功能、搜索模块功能和个性化推荐模块功能的测试分析(表 2-15～表 2-18)。

表 2-15　密码登录功能测试表

测试用例的名称	密码登录功能测试	
测试用例的目的	测试密码登录在输入正确和错误情况下,是否可以正确工作以及提示	
测试方法	分别输入正确的信息和错误的信息,查看结果以及提示的信息	
测试用例的输入	期待的输出	实际的输出
输入用户名(admin)和密码(test)	登录成功,并进入系统	一致
仅输入用户名(admin)	提示"填写不能为空"	一致
输入错误的用户名(abc)和正确的密码(test)	登录失败	一致
输入正确的用户名(admin)和错误的密码(abc)	登录失败	一致

表 2-16 邮箱登录功能测试表

测试用例的名称	邮箱登录功能测试	
测试用例的目的	测试邮箱登录在输入正确和错误情况下,是否可以正确工作以及提示	
测试方法	分别输入正确的信息和错误的信息,查看结果以及提示的信息	
测试用例的输入	期待的输出	实际的输出
输入邮箱后单击"发送验证码"按钮	验证码发送到邮箱	一致
仅输入邮箱,然后立即单击"登录"按钮	提示"填写不能为空"	一致
输入邮箱和验证码	登录成功,并进入系统	一致

表 2-17 搜索功能测试表

测试用例的名称	搜索功能测试	
测试用例的目的	测试是否可以通过电影名来搜索电影	
测试方法	测试人员手动输入各类文本,查看是否可以根据内容进行搜索以及正确显示提示信息	
测试用例的输入	期待的输出	实际的输出
"龙"	显示名称中含有"龙"的电影	一致
空	提示"填写不能为空"	一致

表 2-18 个性化推荐功能测试表

测试用例的名称	个性化推荐功能测试	
测试用例的目的	测试是否可以根据不同的用户信息进行个性化推荐	
测试方法	测试人员登录不同的用户账号,查看是否正确地根据用户信息进行个性化推荐	
测试用例的输入	期待的输出	实际的输出
登录用户 admin 账号	根据用户 admin 的信息推荐合适的电影	一致
登录用户 test1 账号	根据用户 test1 的信息推荐合适的电影	一致
登录用户 test2 账号	根据用户 test2 的信息推荐合适的电影	一致

2.4 小结

电影推荐系统是智能算法在现代娱乐产业中的重要应用。通过分析用户的观影历史、评分、喜好、行为,以及电影的属性和特征,该系统能够为用户提供个性化的电影推荐。电影推荐系统改善了用户的观影体验,提升了电影平台的用户满意度,并有效增加了业务收入。

　　总的来说,电影推荐系统凸显了个性化推荐技术的重要性和潜力。随着技术的不断发展和数据的不断积累,我们可以期待看到更加智能和精准的电影推荐系统在未来娱乐产业中发挥更大的作用。本案例应用于福州大学计算机与大数据学院计算机科学与技术学术型/专业型硕士研究生课程"高级软件工程""软件体系结构"等,累计授课超过 500 人次,取得了优秀的教学效果。

第 3 章

大学生信用培养平台项目[①]

高等学校的诚信建设对塑造社会风气和价值观念具有潜移默化的重要影响,因此高校的诚信建设对推动社会信用的形成至关重要。然而,目前各地高校并没有提供有效的途径来建立和培养大学生的信用。针对上述背景,本项目设计了一个大学生信用培养平台。该平台通过提供各种有趣的信用活动,吸引和引导学生积极参与,从而培养他们的信用素质。

3.1 相关背景

高等学校是培养人才的重要场所,因此更应该树立以诚信为本的观念,以构建和谐的师生关系。如果诚信能够融入校园文化,学校就能够赢得良好的声誉。对高校来说,要想获得良好的声誉和树立良好的形象,就必须落实诚信这一守则。

作为一名大学生,要做到身体力行,要讲正气、讲科学、讲诚信、乐于助人,才能够营造良好诚信的校园人文环境。同时,大学生是国家未来各个领域的中坚力量,因此他们诚信素质的提升必将对整个社会的道德建设起到积极的推动作用。在我国,诚信强调个人的人格,注重于人的内在修养和人格完善。因此,大学生信用平台的建立,使得学生在毕业求职时除了成绩单和各种资格证书之外,还能够向用人单位出示一份个人信用评估报告。对于个人来说,拥有良好的信用记录将为我们带来一定的竞争优势;而对于用人单位而言,这也意味着他们能够获得一份清晰可信的关于应聘者品质的鉴定。可以预见,大学生信用平台的建立,将为大学生提供各种有关诚信行为的活动;不仅有助于培养他们的诚信意识,而且有望推动整个社会信用理念的提升,促进诚信氛围的营造。

---

① 本案例由苏华、范媛媛、赵晓南和陶涛(来自福州大学数计学院 2018 级)提供。

本案例的特点在于提供多样化且有趣的活动,以引导学生积极参与,促进其主动培养信用素质。

3.2　需求分析

3.2.1　用例图

根据图 3-1 所示的系统总用例图,下面详细介绍本案例用户功能的用例图。

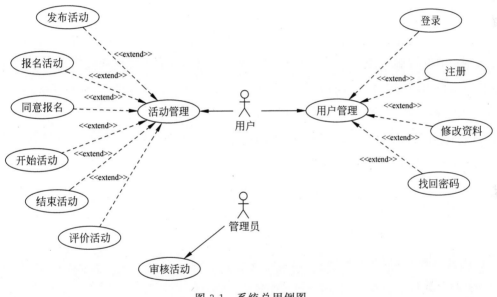

图 3-1　系统总用例图

（1）注册。

主要参与者是用户,目标是让用户成功注册账号,前提条件是用户已经访问该平台,并输入正确的邮箱,触发器是用户想要在该平台上注册账号。注册的基本事件流如下：注册用例起始于用户需要一个新账号来登录平台；用户进入注册页面并输入对应的账号密码；单击“发送验证码”按钮；平台发送验证码到所登记的邮箱；用户输入邮箱验证码；单击“注册”按钮；平台检查输入的邮箱验证码；平台将用户输入的账号密码存入数据库中；用户注册成功。用户在保存注册信息前随时可以终止该用例。

本用例可能会出现以下两种异常情况：用户输入的验证码错误,此时用户可以选择重新输入也可以终止该用例；用户输入的账号已存在，即此账号已被注册过，此时用户可以重新输入其他账号，也可以终止该用例。

（2）登录。

目标是让用户成功进入平台，前提条件是用户要保证登录时输入的账号密码正确，触发器为用户想登录该平台。登录的基本事件流如下：登录用例始于用户需要进入平台；用户进入登录界面并输入正确的账号密码，账号密码与数据库做匹配；用户可根据需要勾选"记住账号"选项，然后单击"登录"按钮；账号密码匹配成功，用户进入系统。

本用例可能会出现以下两种异常情况：平台提示用户输入的账号不存在或账号密码不匹配，平台提示用户输入的账号或密码错误。针对以上两种异常情况，用户可以选择按照提示重新输入账号密码，也可以选择终止该用例。

（3）找回密码。

主要参与者是用户，目标是让用户成功找回密码，前提条件是用户已经访问该平台，并拥有注册时使用的邮箱，触发器为用户忘记了平台账号的密码。找回密码的基本事件流如下：找回密码用例起始于用户需要找回忘记的密码；用户进入找回密码页面并选择"找回密码"选项；用户输入注册时使用的邮箱；用户单击"发送验证码"按钮；平台发送验证码到注册时使用的邮箱；用户输入收到的邮箱验证码；单击"验证"按钮；平台验证邮箱验证码；用户输入新密码；用户单击"确认修改"按钮；平台将新密码存入数据库中；用户成功找回密码。用户在输入新密码前随时都可以终止该用例。

本用例可能会出现以下两种异常情况：用户输入的验证码错误，此时用户可以选择重新输入也可以终止该用例；用户输入的邮箱不存在或与注册时使用的邮箱不符，此时用户可以选择重新输入或终止该用例。

（4）修改资料。

用户可以通过该用例修改个人资料，查看发布的活动及参与的活动，对完成的活动进行评价。前提条件是用户已登录平台。修改资料用例的基本事件流如下：用例起始于用户需要维护自己的个人资料（包括修改资料、查看发布或参与的活动等）；用户进入用例可以修改自己的个人资料；进入个人发布的活动界面，可以分别查看已完成和未完成的活动，并且可以选择启动已经通过审核但还未公开的活动，也可以选择结束正在进行的活动；进入个人参与活动界面，可以分别查看已完成和未完成的活动，并评价已完成的活动；进入报名信息申请界面，可以选择用户通过申请；选择"设置"选项，退出当前账号。

（5）报名活动。

主要参与者是平台用户和活动发布者，目标是让用户成功报名参加活动，前提条件是用户已经登录平台并浏览到感兴趣的活动页面,触发器为用户对特定活动感兴趣并选择参加。报名活动的基本事件流如下:用户浏览活动列表并选择感兴趣的活动;用户单击"报名"按钮;填写报名信息,如姓名、联系方式等;用户单击"提交"按钮提交报名信息;平台接收并存储报名信息;活动发布者收到报名通知。用户可以随时取消报名,即终止用例。

(6) 同意报名。

主要参与者是活动发布者,目标是让活动发布者审核并同意其他用户的报名请求,前提条件是发布者收到了用户的报名申请通知,触发器为活动发布者收到其他用户的报名请求。同意报名的基本事件流如下:活动发布者登录后台管理界面并查看报名请求列表;选择某一报名请求;审核报名信息,如姓名、联系方式等;单击"同意"按钮;系统发送通知给其他用户,告知报名成功。

(7) 开始活动。

主要参与者是活动发布者,目标是让发布者正式启动某项活动,前提条件是活动已经达到了所需的参与人数,并且发布者认为一切准备就绪,触发器为发布者进入活动管理界面并选择已准备就绪的活动。开始活动的基本事件流如下:发布者登录后台管理界面并查看已审核通过的活动列表;选择某项准备就绪的活动;单击"开始"按钮;系统提示活动已启动,并通知所有报名者。

(8) 同意活动。

主要参与者是用户和活动发布者,目标是让用户确认并同意参加某项活动,前提条件是用户已经收到了活动发布者发送的活动邀请,触发器为用户收到此活动邀请通知。同意活动的基本事件流如下:用户收到活动邀请通知;用户单击"确认参加"按钮;系统发送确认信息给活动发布者;活动发布者收到确认信息后,系统确认用户已同意参加活动。

(9) 结束活动。

主要参与者是活动发布者,目标是让发布者结束某项活动,前提条件是活动已经完成或者取消,触发器为发布者进入活动管理界面并选择需要结束的活动。结束活动的基本事件流如下:发布者登录后台管理界面并查看已经进行的活动列表;选择某项需要结束的活动;单击"结束"按钮;系统提示活动已结束,并将活动标记为已结束状态。

(10) 评价活动。

主要参与者是活动参与者,目标是让参与者对已完成的活动进行评价,前提条件是活动已经结束,触发器为活动参与者收到活动结束通知。评价活动的基本事件流如下:参与者收到活动结束通知;进入活动评价页面;填写评价内容和评分;单击"提交评价"按钮;系统保存评价信息并显示在活动详情页面。

3.2.2 原型图

下面以活动管理部分的界面为例介绍本案例的原型图设计。

如图 3-2 所示,系统首页主要由以下几部分构成。

(1) 主菜单栏:位于页面顶部,提供导航到不同部分的选项,便于用户按需选择服务。

(2) 首页主要海报:占据页面的中心,可用于展示主要活动的海报或者其他需要展示的图片,旨在突出页面主题,吸引用户。

(3) 热门活动:位于页面的下方,以列表的形式展示了近期热门活动以及参与活动的相关高校。

图 3-2 系统首页

如图 3-3 所示的活动展示页面与系统首页采用相同的简约风格,以保持一致性。除固定的主菜单栏以外的几部分如下。

(1) 二级菜单栏:位于主菜单栏的下方,便于用户根据自己的需求筛选活动。其中筛选条件包括活动进度、地区、学校三部分。菜单栏右侧还有"我也要发布"按钮,用户可以自行发布活动。

（2）活动展示列表：各个活动以大图标列表的形式展示出来，其中包含每个活动的海报、活动标题、报名人数以及活动进度。

图 3-3　系统活动展示界面

以上述所展示的两个原型图为例，本案例界面的设计注重实现一个简洁而美观的界面，确保用户能够高效管理和参与各类活动。整体布局清晰，重点突出活动展示，并提供了直观的导航选项，使用户轻松查找和管理活动信息，同时引导用户探索更多精彩有趣的活动。

3.3　系统设计

3.3.1　体系结构设计

本案例的前端采用 HTML＋CSS 进行页面设计，使用 JavaScript 设计页面动态效果并负责与后台数据的传输。后端采用 Java 开发语言，使用 SSH 三大框架进行开发。

案例的前端采用 HTML 和 CSS 进行页面设计，这使得页面具有良好的结构和样式，易于理解和修改。JavaScript 负责处理页面的动态效果,例如表单验证、数据加载和用户交互。它还通过 AJAX 技术与后端进行数据交互,实现了无须刷新页面即可获取和提交数据的功能。

后端采用 Java 作为开发语言,这是因为 Java 具有跨平台性、强大的生态系统和广泛的应用场景。而 SSH 三大框架(Spring、Struts、Hibernate)的组合提供了一个完整的解决方案。Spring 框架通过控制反转(IoC)和面向切面编程(AOP)实现了松耦合、可测试和可扩展的应用程序。Struts 框架则负责实现 MVC 架构,将应用程序分为模型(Model)、视图(View)和控制器(Controller),提高了代码的可维护性和可扩展性。Hibernate 框架用于处理对象关系映射(ORM),简化了数据持久化操作,提高了开发效率并降低了与数据库交互的复杂性。

综上所述,项目的体系结构设计充分考虑了前后端的交互和数据处理需求,采用了行之有效的技术和框架,以确保系统具有良好的可维护性和可扩展性。

3.3.2 功能介绍

根据图 3-4 所示的功能架构图,本项目的功能主要分为两个模块,分别是用户管理和活动管理。

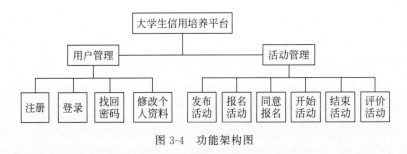

图 3-4 功能架构图

以下是关于这两个模块具体的功能介绍。

1. 用户管理模块

(1)注册:用户可以通过邮箱注册账号,填写必要的个人信息并完成邮箱验证,从而完成注册流程。

(2)登录:已注册的用户可以通过输入账号和密码登录系统,进行相关操作。

(3)找回密码:提供找回密码的功能,用户可以通过邮箱验证码来重置密码,从而保障账号的安全性。

（4）修改个人资料：用户可以在个人中心修改个人信息，包括但不限于姓名、性别、年龄、联系方式等，也可以上传或更改个人头像。

2. 活动管理模块

（1）发布活动：用户可以填写活动的标题、内容、时间、地点等相关信息，并选择适合的活动标签进行发布，以吸引更多用户参与。

（2）报名活动：用户可以浏览感兴趣的活动，查看活动详情并进行报名，加入活动的参与者中。

（3）同意报名：活动发起者在收到其他用户的报名请求后，可以审核报名者的资格，并决定是否同意其参加活动。

（4）开始活动：活动发起者在活动达到预定的参与人数后，可以单击"开始活动"按钮，正式启动该活动。

（5）结束活动：活动结束后，活动发起者可以单击"结束活动"按钮，关闭活动的报名和参与通道。

（6）评价活动：活动结束后，参与者可以对活动进行评价，包括活动的组织、内容、执行情况等方面，为未来的活动提供参考和改进意见。

以上是两大模块的功能介绍，本项目的主要目的是提供许多有趣的信用活动供学生参加，从而引导学生培养自身信用素质。因此，本项目最大的特色就是活动的类型设置。网站信用活动类型计划分为五个模块："一起约""远书荒""助成长""闲渔""个人中心"。活动具体描述如下。

（1）"一起约"：该模块活动包括学生平时所需一系列"约"行为，比如约球、约饭等。参与约会的双方可通过对方赴约情况、赴约满意度进行互评，从而获取对应的信用积分。

（2）"远书荒"：该模块主要为学生提供借书功能。借方可在网站上发布自己的需求，学生也可以将自己的闲置书发布在网站上供人借阅。在双方完成一次交易后，通过对图书的归还时间和保护程度等进行互评，获取信用积分。

（3）"助成长"：该模块为老师与学生之间的信用活动，老师可在网站中发布自己的需求，学生可通过自己的能力选取对应的需求，在完成一次项目后，双方可通过项目完成的情况等进行互评，获取信用积分。

（4）"闲渔"：该模块为学生提供闲置物品的买卖或者交换功能。学生可在平台上发布关于闲置物品的相关信息进行交易。在交易完成后，交易双方可对交易物品的满意度等进行互评，获取信用积分。

（5）"个人中心"：该模块记录学生的个人信息，可供学生修改。同时，记录学生的信用积分，学生可以从该模块查阅到自己参加活动的进度，还可以查阅信用积分的获取历史记录。

3.3.3　验收标准

1．质量属性

（1）可用性：用户访问量不断增加时，系统的整体响应时间依然能够满足用户的需求。

（2）可扩展性：软件中增加新功能所需时间。

（3）安全性：系统要有较强的安全性，保证系统内部用户的基本信息和涉及用户隐私的信息不外泄。其中包括信息传递必须安全，只有授权用户才能访问信息，对重要的系统操作都记录日志，以便在发生安全问题时能够追查操作人员。不能通过在浏览器中输入页面的绝对地址来访问需要相应权限的系统页面，必须通过用户登录才能进入相应的系统页面。不能使用浏览器的页面缓存来访问没有访问权限的页面。

（4）可靠性：程序运行时，对服务器和网络故障能够识别和提示，故障排除后，程序顺利运行。系统具有一定的容错能力，不会因为用户的错误输入或超出极限值的输入而使系统无效，系统无故障运行时间大于 5000 小时。

（5）可维护性：设计时减少模块之间的耦合性，使得查找和修复一个错误的工作量缩短在 20 分钟以内。

（6）可移植性：可运行于多个操作系统。

（7）可重用性：设计时应采取模块化的方法。

（8）易用性：系统必须是稳定运行的软件产品，必须提供完整详细的操作使用说明书和帮助文档。

2．其他要求

（1）软件必须严格按照设定的安全权限机制运行，并有效防止非授权用户进入本系统。

（2）软件必须提供对系统中各种码表的维护、补充操作。

（3）软件必须按照需求规定记录各种日志。

（4）软件对用户的所有操作或不合法操作进行检查，并给出提示信息。

（5）对于敏感的数据，在存入数据库前必须进行加密操作。

（6）对于数据库中的数据，应该进行实时的备份操作。每当数据库中发生一些修改操作时,就要进行备份操作,以便在数据丢失时可以及时恢复。

（7）软件必须具有合法控制功能,以防止相关权限人员对项目数据结果进行随意修改。

3.3.4 出错处理措施

出错处理措施能确保项目在面对各种异常情况时能够及时、有效地做出应对,保障系统的稳定性和可用性。以下是该项目可能出现的一些错误情况以及对应的处理措施。

（1）网络连接异常。

① 错误情况:用户在进行注册、登录、报名等操作时,网络连接不稳定或中断,导致操作失败。

② 处理措施:系统提供友好的提示信息,告知用户当前网络连接异常,建议用户检查网络状态并重试操作。同时,系统可以记录相关日志以便后续排查问题。

（2）数据库访问异常。

① 错误情况:系统在进行数据读写操作时,数据库访问异常或数据库故障,导致数据无法正常读取或写入。

② 处理措施:系统设置数据库连接超时时间,并实现异常处理机制,当数据库访问超时或出现异常时,系统应该提供友好的错误提示,并记录相关日志以便后续排查问题。同时,系统可以采用数据库备份和容灾机制,确保数据的安全性和可靠性。

（3）用户操作错误。

① 错误情况:用户在进行注册、登录、报名等操作时,输入错误或操作不当,导致操作失败或数据异常。

② 处理措施:系统提供清晰的操作指引和输入提示,帮助用户正确完成操作。同时,系统可以实现表单验证和数据校验功能,确保用户输入的数据符合规范和要求。对于用户的错误操作,系统应该给予相应的错误提示,并提供正确的操作建议。

（4）系统崩溃或异常退出。

① 错误情况:系统在运行过程中突然崩溃或异常退出,导致用户无法正常使用系统。

② 处理措施:系统实现监控和异常处理机制,及时监测系统的运行状态,并对系统异常退出进行自动恢复或重启。同时,系统需要定期进行系统备份和数据恢复,确保在发生系统崩溃时能够迅速恢复数据和服务。

通过以上的出错处理措施,可以有效应对各种可能出现的错误情况,提高系统的稳定性和可用性,为用户提供良好的使用体验。

3.3.5 测试用例

本案例在开发系统过程中,对每个功能都进行了测试与分析,在不断地测试和分析中改进系统,从而实现功能设计的预期效果。表3-1展示了本项目的测试用例。

表 3-1 系统测试用例

功能编号	功 能 项	测试场景说明	操 作 步 骤	预 期 结 果
F01	首页公告	系统首页显示	打开首页	显示正常
		首页图片滚动显示	照片左右滑动	显示正常
		热门活动展示	无	显示正常
F02	用户登录	输入正确的用户名和密码,单击登录	直接单击"登录"按钮	跳转主界面
		不输入用户名和密码,单击登录	直接单击"登录"按钮	界面提示"请输入账号和密码"
		输入不存在的用户名,单击登录	输入用户名,单击"登录"按钮	界面显示"账号或者密码错误"
		输入用户名,不输入密码,单击登录	输入用户名,单击"登录"按钮	界面显示"请填写密码"
		输入用户名,输入错误的密码,单击登录	输入用户名,不输入密码,单击"登录"按钮	界面显示"账号或密码错误"
		不输入用户名,输入密码,单击登录	输入密码,单击"登录"按钮	界面显示"请填写账号"
F03	注册功能	输入错误的邮箱	输入邮箱	界面显示"输入正确的邮箱"
		不输入邮箱,输入密码,勾选协议	输入密码,勾选了协议,单击"注册"按钮	界面显示"请填写验证码"和"请填写邮箱"
		不输入密码,输入邮箱和验证码,勾选协议	不输入密码,输入邮箱和验证码,勾选了协议,单击"注册"按钮	界面显示"请填写密码"
		输入错误验证码	输入验证码,输入邮箱,输入密码,勾选了协议,单击"注册"按钮	界面显示"验证码错误"
		未勾选协议	输入验证码,输入邮箱,输入密码,单击"注册"按钮	界面显示"同意协议才能注册"
		输入正确的邮箱和验证码,输入密码勾选协议	输入邮箱,密码验证码,勾选协议,单击"注册"按钮	界面显示"注册成功"

续表

功能编号	功能项	测试场景说明	操作步骤	预期结果
F04	找回密码第一阶段	输入正确的邮箱和验证码	输入邮箱和验证码，单击"下一步"按钮	界面从确认账号跳到安全验证
		不输入邮箱和验证码	单击"下一步"按钮	界面显示"请输入邮箱和验证码"
		输入错误的邮箱	输入邮箱，验证码，单击"下一步"按钮	界面显示"该用户不存在，请重新输入"
		输入错误的验证码	输入邮箱和验证码，单击"下一步"按钮	界面显示"验证码错误请重新输入"
F05	找回密码第二阶段	输入正确的验证码	单击获取验证码，输入验证码，单击"下一步"按钮	界面跳转至重置密码
		不输入验证码	单击"下一步"按钮	界面显示"请输入密码"
		输入错误的验证码	单击获取验证码，输入验证码，单击"下一步"按钮	显示"验证码错误"
F06	找回密码第三阶段	输入两次相同的密码	输入两次密码，单击"确定"按钮	界面跳转至登录界面
		前后两次密码输入不一致	输入两次密码，单击"确定"按钮	界面显示"前后两次密码不一致"
		只输入一次密码	输入一次密码，单击"确定"按钮	界面显示"前后两次密码不一致"
F07	修改资料	修改基本资料中的任意一条信息	单击修改，选择要修改的位置，输入新信息，单击"确定"按钮	跳转至个人中心界面的基本资料界面，修改成功，数据库更新
F08	活动报名	活动发起者报名自己的活动	单击"我要报名"按钮	界面提示"活动发起者不需要报名"
		用户选择一个活动报名	单击"我要报名"按钮	提示"报名活动"，已报名人数+1，并发送消息给活动发起者
		重复报名一个活动	单击"我要报名"按钮	提示"该活动您已经报过名啦"
F09	处理活动	活动发起者选择活动参与者	单击个人中心，再单击我发布的活动，单击活动，选择"同意"或者"拒绝"	系统根据"统一"或者"拒绝"发送对应的提示消息给活动申请者

续表

功能编号	功能项	测试场景说明	操作步骤	预期结果
F10	活动信息查询	查看提醒消息	单击消息提醒,选择"未读消息"或者"已读消息"	显示正常
		查看某个发布活动的情况	单击我发布的活动,选择活动,查看活动详情	显示正常
		查看个人参与活动的情况	单击我参与的活动,选择活动,查看活动详情	显示正常
		查看个人信息	单击个人资料	显示正常
F11	开始活动	活动发起者要开始某个活动	选择某个活动,单击开始按钮	系统提示"活动开启成功"。对于活动发起者来说,开始活动按钮变成结束活动按钮。对于活动报名者来说,活动按钮变成等待活动发起者结束活动(不能单击)。活动状态变成"进行中"
	结束活动	活动发起者要结束某个活动	选择某个活动,单击"结束"按钮	系统提示"活动结束成功"活动发起者和参与者的活动按钮都变成了评价按钮,活动状态变成了"已结束"
	评价	活动结束,用户对活动和活动中的参与者进行评价	选择活动,单击"评价"按钮,在页面中填入相应内容和分数,单击"提交"按钮	每个被评价的用户的信用分得到相应增加,活动详情页面中的活动评价部分增加一条评价,数据库更新

3.4 小结

本案例旨在通过各种丰富多彩的信用活动吸引和引导学生参与,记录和评价他们的信用行为,并设计一系列机制获取学生的信用信息。通过这些举措,我们旨在引导学生重视并维护良好的信用形象,建立优秀的信用记录。本案例应用于福州大学计算机与大数据学院计算机科学与技术学术型/专业型硕士研究生课程"高级软件工程""软件体系结构"等,累计授课超过 500 人次,取得了优秀的教学效果。

第 4 章　流萤经济学社网站项目[①]

随着数字化时代的到来,大学社团作为学生自我发展、交流合作的平台,迎来了一场变革的浪潮。在这样的背景下,流萤经济学社网站应运而生。

流萤经济学社网站项目旨在构建一个创新、高效的在线社团管理平台,为学生提供一个融合学术探讨、资源共享和社交互动的数字化社区。通过引入先进的技术手段,本项目致力于打破传统社团管理的瓶颈,提升社团成员的参与度和体验感。

4.1　相关背景

在数字化浪潮的推动下,大学社团的管理和交流方式面临着新的挑战和机遇。传统的社团管理方式往往依赖于纸质文件、线下活动通知和面对面的会议,这在信息传递效率、成员互动度以及活动组织上存在一系列不便之处。数字化技术的发展为社团管理提供了新的解决方案,使得社团成员可以更便捷地获取信息、参与讨论,并与其他社团成员建立联系。

随着社交媒体和在线平台的兴起,数字化社团管理成为了解决这些问题的有效途径。流萤经济学社网站项目定位于构建一个紧密相连的数字社区,这不仅是一个社团管理平台,更是一个促进知识共享、学术合作和职业发展的综合生态系统。

综合而言,流萤经济学社网站项目在数字化社团管理和在线社区建设方面具有重要的意义。它将为学生社团带来更多的便利和机遇,推动学术交流与合作,为学生们提供更加丰富的社团体验。

---

① 本案例由肖玉麟、成冰洁(来自福州大学 2013 级软件工程专业)提供。

4.2 需求分析

4.2.1 用例图

下面分别介绍系统客户端和系统后台管理的用例图。

如图 4-1 所示,系统客户端的主要参与者是用户。用户可以查阅社团简介、查阅社团活动、下载学习资料、查阅财经动态、查阅学习园地。

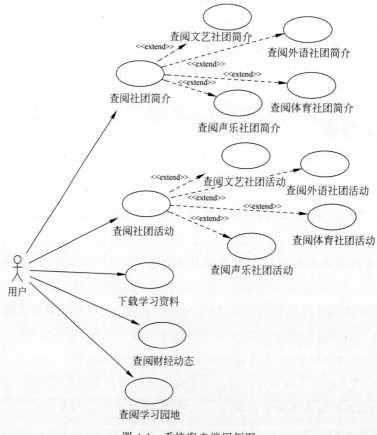

图 4-1　系统客户端用例图

如图 4-2 所示,系统后台管理的主要参与者是管理员。管理员分为超级管理员和普通管理员。超级管理员主要管理账户和基本信息,也管理用户信息。普通管理员则主要管理基本信息和用户。基本信息包括社团简介、社团活动、学习资料、财经动态、学习园地、滚动图片。

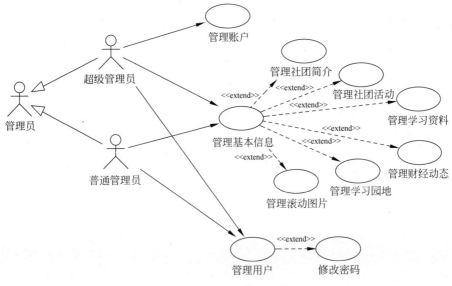

图 4-2　系统后台管理用例图

4.2.2　原型图

下面以客户端界面和后台管理界面为例介绍本项目的原型图设计。

如图 4-3 所示,客户端界面主要由以下几个组件构成:主菜单栏位于界面顶部,提供了导航到不同界面的选项(包括"首页""社团概况""社团活动""学习资源"等选项),帮助用户轻松浏览内容。社团活动照片组件位于主菜单栏下方,展示了社团活动的精彩瞬间。登录组件位于主菜单栏的左下侧,为社团成员提供了快捷的登录入口。登录组件还设有验证码,用来防止自动化程序或机器人对网站进行恶意登录或滥用。社团简介组件位于界面的左下侧,为用户提供社团的基本信息。社团活动列表组件位于界面的底部,为用户提供浏览社团活动的便捷途径。

如图 4-4 所示的后台管理界面与客户端界面采用相同的画面风格,主要由以下几个组件构成:主菜单栏位于界面最左侧,主要分为基本信息管理和账户管理两部分,为用户提供便捷的导航和互动选项(包括"社团简介管理""社团活动管理""学习资源管理""系统重置"等选项),使用户可以快速定位到所需的功能模块。后台管理详情组件位于主菜单栏的右侧,主要展示了基本信息管理和账户管理的具体内容。

图 4-3　客户端界面

图 4-4　后台管理界面

4.3　系统设计

4.3.1　体系结构设计

与其他大型数据库（如 Oracle、DB2、SQL Server 等）相比，MySQL 存在一些不足之处，如规模较小、功能有限等，但这些并没有影响它受欢迎的程度。对于本项目而言，MySQL

所提供的功能已经完全足够,并且由于 MySQL 是开源软件,因此可以显著降低总成本。本项目采用 Linux 作为操作系统,Apache 作为 Web 服务器,MySQL 作为数据库,PHP 作为服务器端脚本解释器。由于这些软件都是免费的开源软件,因此不需要花费一分钱(除了人工成本)就可以建立起一个稳定、免费的网站系统。

流萤经济学社网站项目采用了 Spring＋Struts＋Hibernate(简称 SSH)的开发框架组合。其中,Struts 框架为 Model 层、View 层和 Controller 层提供了对应的组件。Model 层由 ActionForm 和 JavaBean 构成。ActionForm 用于将用户的请求参数封装成 ActionForm 对象,该对象被 ActionServlet 转发给 Action,Action 再根据 ActionForm 里面的请求参数处理用户的请求。JavaBean 则封装了底层业务逻辑,包括数据库访问等。View 层采用 JSP 实现。Controller 层由两部分组成:系统核心控制器和业务逻辑控制器。系统核心控制器对应 ActionServlet,由 Struts 框架提供,它继承自 HttpServlet 类,因此可以配置成标准的 Servlet。系统核心控制器负责拦截所有的 HTTP 请求,然后根据用户请求决定是否需要将 HTTP 请求转发给业务逻辑控制器。而业务逻辑控制器则负责处理用户请求,它本身不具备处理能力,而是调用 Model 层来完成处理,对应 Action 部分。

4.3.2　功能介绍

流萤经济学社网站主要包含两大功能,即客户端功能和后台管理功能。客户端功能面向普通用户,提供了查阅社团活动、下载学习资料等服务。后台管理功能则面向管理员,用于管理基本信息、用户等。整体功能架构如图 4-5 所示。

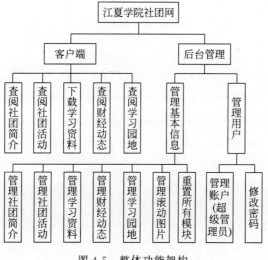

图 4-5　整体功能架构

下面根据功能架构图，分模块介绍本项目的核心功能，如表 4-1 所示。

表 4-1 功能描述表

模 块 名	功 能 描 述
客户端	主要提供友好的用户界面
查阅社团简介	用户可以查看流萤经济学社的背景、创办目的和宗旨
查询社团活动	列出社团活动，用户可以继续单击以获取更详细的信息
下载学习资料	按照时间顺序列出学习资料，用户可以继续单击以获取更详细的信息并且可以自行下载学习资料
查阅财经动态	列出财经动态，用户可以继续单击以获取更详细的信息
查阅学习园地	列出学习经验帖子，用户可以继续单击以获取更详细的信息
后台管理	主要提供友好的管理员界面
管理基本信息	可以通过此模块来调用七个子模块
管理社团简介	管理员可以查看并且编辑社团简介
管理社团活动	管理员可以查看、删除已有的社团活动，并且可以添加新的社团活动
管理学习资料	管理员可以查看、删除已有的学习资料，并且可以添加新的学习资料
管理财经动态	管理员可以查看、删除已有的财经动态，并且可以添加新的财经动态
管理学习园地	管理员可以查看、删除已有的学习经验帖子，并且可以添加新的学习经验帖子
管理滚动图片	管理员可以查看、删除在本网站首页已有的滚动图片信息，并且可以添加新的滚动图片
重置所有模块	管理员可以一次性重置社团简介、社团活动、学习资料、财经动态、滚动图片等
管理用户	可以通过此模块来调用两个子模块
管理账户	超级管理员才可以修改、删除已有的管理员（包括超级管理员和普通管理员），并且可以添加新的账户
修改密码	管理员（包括超级管理员和普通管理员）可以修改自己的密码

4.3.3　数据库设计

1. 实体关系分析

本项目根据系统功能需求设计了数据库逻辑结构，其由表 4-2 中的实体和属性构成。依照这些实体和属性，我们构建了系统实体关系。

表 4-2 实体-属性表

实 体	属 性
社团活动	图片、内容、时间、作者、题目、社团活动 ID
财经动态	财经动态 ID、题目、作者、时间、内容、图片
社团简介	社团简介 ID、题目、简介
滚动图片	滚动图片 ID、类型、社团活动 ID、题目

续表

实　体	属　性
学习园地	学习园地 ID、题目、作者、时间、内容
学习资料	学习资料 ID、题目、作者、时间、内容、附件
管理员	管理员 ID、账户、密码、姓名、权限

实体关系描述如下。

(1) 管理员：财经动态信息($n:n$)。

关系描述：一名管理员可以处理多条财经动态信息，同时一条财经动态信息可以被多名管理员处理。

(2) 管理员：社团活动信息($n:n$)。

关系描述：一名管理员可以处理多条社团活动信息，同时一条社团活动信息可以被多名管理员处理。

(3) 管理员：社团简介信息($n:n$)。

关系描述：一名管理员可以处理多条社团简介信息，同时一条社团简介信息可以被多名管理员处理。

(4) 管理员：滚动图片($n:n$)

关系描述：一名管理员可以处理多张滚动图片，同时一张滚动图片可以被多名管理员处理。

(5) 管理员：学习园地信息($n:n$)。

关系描述：一名管理员可以处理多条学习园地信息，同时一条学习园地信息可以被多名管理员处理。

(6) 管理员：学习资料($n:n$)。

关系描述：一名管理员可以处理多个学习资料，同时一个学习资料可以被多名管理员处理。

2. 数据字典设计

本项目依照实体关系图设计了社团活动表、财经动态表等表，如表 4-3 所示。这些数据库表的具体设计如表 4-4～表 4-10 所示。

表 4-3　数据库表

缩写/术语	解　释	缩写/术语	解　释
activity	社团活动表	studygarden	学习园地表
financial	财经动态表	studyresource	学习资料表
introduce	社团简介表	userinfo	管理员表
rollpic	滚动图片表		

表 4-4　社团活动表(activity)

字　段　名	数 据 类 型	长　　度	是 否 非 空	是否为主键	备　　注
id	int	20	是	是	社团活动 ID
title	varchar	100	否	否	题目
author	varchar	100	否	否	作者
date	varchar	50	否	否	时间
content	text	—	否	否	内容
uploadimages	varchar	50	否	否	图片

表 4-5　财经动态表(financial)

字　段　名	数 据 类 型	长　　度	是 否 非 空	是否为主键	备　　注
id	int	20	是	是	财经动态 ID
title	varchar	100	否	否	题目
author	varchar	100	否	否	作者
date	varchar	50	否	否	时间
content	text	—	否	否	内容
uploadimages	varchar	50	否	否	图片

表 4-6　社团简介表(introduce)

字　段　名	数 据 类 型	长　　度	是 否 非 空	是否为主键	备　　注
id	int	20	是	是	社团简介 ID
title	varchar	100	否	否	题目
introduce	text	—	否	否	简介

表 4-7　滚动图片表(rollpic)

字　段　名	数 据 类 型	长　　度	是 否 非 空	是否为主键	备　　注
id	int	20	是	是	滚动图片 ID
type	varchar	50	否	否	类型
foreignid	int	255	否	否	社团活动 ID
title	text	—	否	否	题目

表 4-8　学习园地表(studygarden)

字　段　名	数 据 类 型	长　　度	是 否 非 空	是否为主键	备　　注
id	int	20	是	是	学习园地 ID
title	varchar	100	否	否	题目
author	varchar	100	否	否	作者
date	varchar	50	否	否	时间
content	text	255	否	否	内容

表 4-9　学习资料表（studyresource）

字　段　名	数据类型	长　　度	是否非空	是否为主键	备　注
id	int	20	是	是	学习资料 ID
title	varchar	100	否	否	题目
author	varchar	100	否	否	作者
date	varchar	50	否	否	时间
content	text	—	否	否	内容
attachment	varcher	100	否	否	附件

表 4-10　管理员表（userinfo）

字　段　名	数据类型	长　　度	是否非空	是否为主键	备　注
id	int	20	是	是	管理员 ID
username	varchar	100	否	否	账户
password	varchar	100	否	否	密码
realname	varchar	100	否	否	姓名
authority	varchar	100	否	否	权限

3．安全保密设计

系统调用数据库时，由于不同访问者的账号不同，并且增加了密码设置，因此相当于对数据的访问设置了权限。此外，存储数据库的服务器只允许系统管理员登录，这样可以确保数据的安全性。

超级管理员拥有最高权限，可以控制所有数据，普通管理员只能查看与自己相关的信息，而不能随意修改其他管理员的信息。

4.3.4　设计模式

1．代理模式

如图 4-6 所示，本项目需要创建一个占用内存较大的图像对象用于展示社团活动。因此，首先创建一个占用内存较小的图像对象 OrgActivity，真实的图像对象 RealPic 只有在需要时才会被真正创建。

通过这种虚拟代理的方式，使用一个小图像对象来代表一个大图像对象，可以减少系统资源的消耗，提高系统运行速度。

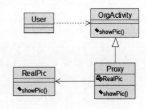

图 4-6　代理模式类图

2. 门面模式

本项目后台管理中的管理基本信息功能中有一个重置所有信息的子功能模块。通过这个子功能模块,管理员可以一次性重置所有社团简介、社团活动、学习资料、财经动态、学习园地及滚动图片的信息。这些操作都有相似之处,因此我们为子对象的访问提供了一个简单且统一的入口,使子对象之间的通信和相互依赖关系最小化。

如图 4-7 所示,引入一个新的外观类 ReSet 可以降低原有系统的复杂度,减少客户类与子对象类(AtivityService、StudyResourceService、StudyGardenService、FinancialService、RollPicService 与 OrganizationService)的耦合度。

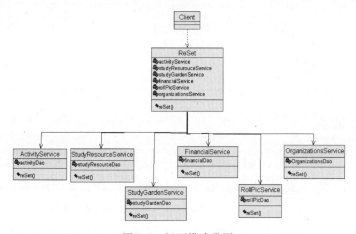

图 4-7   门面模式类图

3. 模板模式

模板模式用于定义一个操作中算法的骨架,将一些步骤延迟到子类。模板方法使子类可以在不改变一个算法结构的情况下,重新定义该算法的特定步骤。

本项目中,管理员上传学习资料附件和上传社团活动照片存在类似的操作。因此,我们采用模板方法定义一个上传的骨架和一系列基本操作,每个基本操作对应于上传过程中的一个步骤。如图 4-8 所示,Upload 类代表算法的骨架,Attachment 类和 Image 类分别定义了上传学习资料附件和上传社团活动的基本操作。

4. 适配器模式

管理员需要输入正确的密码才能登录流萤经济学社网站。为了保障管理员密码的安

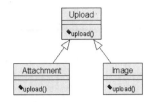

图 4-8　模板模式类图

全性和隐私性,存入数据库前需要对管理员密码进行加密处理,而从数据库取出后则需要进行相应的解密处理。

在这里,我们使用 MD5(Message-Digest Algorithm 5)接口对管理员密码进行处理。MD5 是一种广泛使用的哈希算法,用于确保信息传输完整且一致。它的作用是在使用数字签名软件签署私人密钥之前,对大容量信息进行压缩,将其转换为一定长度的十六进制数字串。

尽管 MD5 类包含了本项目希望使用的业务方法,但并没有包含源代码。因此,需要使用对象适配器来实现 Target 接口(如图 4-9),并将其与 MD5 对象进行关联,从而建立二者之间的联系。

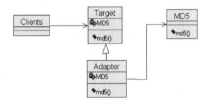

图 4-9　适配器模式类图

5. 状态模式

状态模式允许一个对象在其内部状态改变时改变它的行为。在本项目中,超级管理员与普通管理员的操作有所不同,这就需要根据管理员的状态来确定其行为。在代码中,这可能会导致大量的条件语句,这些条件语句会降低代码的可维护性和灵活性,增加类与类库之间的耦合。因此,对于管理员对象,使用状态模式可以更好地管理其不同状态下的行为。通过状态模式,可以将不同状态下的行为封装在各自的状态类中,使得代码结构更清晰、更易于扩展和维护。如图 4-10 所示,AbstractState 类是抽象状态类;而 OridiUser 类和 Administrator 类分别代表管理员状态和超级管理员状态,均继承自抽象状态类。

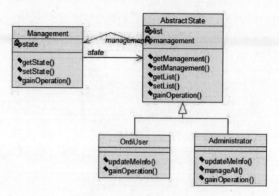

图 4-10　状态模式类图

4.3.5　运行设计

（1）运行模块组合。

本项目采用了多窗口的运行环境,各个模块能够在软件运行过程中有效地交换信息和处理数据。

（2）运行控制。

软件运行时提供了友好的交互界面,能够满足用户对数据处理的需求。

（3）运行时间。

系统的运行时间能够满足用户的需求。

4.3.6　系统出错处理设计

1．出错信息

故障信息分为操作故障和系统故障两种类型。

操作故障指的是数据录入过程中出现的问题,可能是数据格式不符合要求或者数据内容之间存在矛盾。系统应当明确地指出故障原因,并提示操作人员进行相应的改正。

系统故障包括硬件故障、操作系统故障、数据库故障和 Web 服务故障等。当除硬件故障和操作系统故障之外的系统故障发生时,系统应当明确地给出故障原因。

2．补救措施

针对故障的补救措施包括以下几种。

（1）内部故障处理：在开发阶段，可以通过修改数据库中的相应内容来处理内部故障，确保系统数据的正确性和一致性。

（2）数据备份和恢复：当系统原始数据丢失时，可以启用备份数据进行系统重建和启动。可以通过定期将系统备份信息记录到专用备份硬盘或服务器等方式来保证数据的安全性和完整性。

（3）降效技术：在系统出现故障或不可用时，可以采用降效技术来暂时完成系统的某些功能。例如，可以使用另一个效率稍低但仍能完成工作的系统或方法来代替原系统的功能。这可以保证系统的基本运行，并且避免影响业务的正常进行。

4.4 小结

流萤经济学社网站项目的核心理念是通过引入数字化平台，为学生社团打造一个更智能、高效的管理与交流环境。通过系统化的数字社团管理，流萤经济学社网站解决了传统社团所面临的信息传递障碍和成员参与度不足等问题。

总之，流萤经济学社网站提高了社团的宣传力和管理效率。随着互联网和大数据的不断发展，我们可以期待更加完善和智能的社团网站在大学生生活中发挥更大的作用。本案例应用于福州大学计算机与大数据学院计算机科学与技术学术型/专业型硕士研究生课程"高级软件工程""软件体系结构"等，累计授课超过 500 人次，取得了优秀的教学效果。

第 5 章　基于 Python 爬虫的资源

搜索网站项目[①]

网盘作为一种备受欢迎的在线文件共享方式,被广泛运用于存储各类软件、游戏、视频、音乐、电子书等资源。这些由千千万万网民上传的内容组成了一个庞大的资源宝库。然而,网盘服务网站通常不提供检索功能,同时一些通用网络搜索引擎,如 Google、百度等也没有专门对网盘资源进行索引。因此,检索效果往往不尽如人意,用户常常面临信息分散、质量参差不齐、内容陈旧过时等问题。目前,网络上的网盘搜索引擎相对较少,这进一步限制了用户对于特定资源的搜索和获取。

基于上述背景,本项目开发了一个集成的资源平台,旨在为普通用户提供便捷的互联网资源搜索的途径。该平台使用户能够轻松地搜索并下载各种形式的互联网资源,涵盖文档、视频、音频、图片等多种类型。

5.1　相关背景

根据中国互联网络信息中心(CNNIC)发布的数据,截至 2016 年底,中国网民规模约为 7.31 亿人,并预计未来会持续大幅增长。这反映了互联网在中国的普及率日益提高,人们对网络资源的需求也随之增加。随着信息技术和社交网络的快速发展,互联网产生的数据量在近年来迅速增长,标志着大数据时代的来临。在大数据时代的背景下,互联网的快速发展不仅使得网民规模不断增长,还导致了互联网上产生的海量数据急剧增加。这巨大的数据量包含了各类信息,从而使得用户在海量数据中找到特定内容变得更加困难。网盘作为一种便捷的在线文件共享方式,成为许多人存储和分享个人及社区资源的首选。然而,由于通用搜索引擎对网盘资源的检索能力有限,用户往往陷入信息过载,难以精准获取所

---

① 本案例由黄义炽、袁炳杰和章明亮(来自福州大学 2016 级软件工程专业)提供。

需的资源。

为了解决这一问题,本项目引入了网络爬虫技术。网络爬虫能够按照一定规则自动抓取互联网上的信息,并收录到系统数据库中,为用户提供更便捷的资源搜索途径。通过设计高效的爬虫程序,并结合自有搜索技术,我们开发出一个资源搜索网站,实现了对互联网上各种形式资源的全面抓取和整理。这个网站不仅提供了用户高效搜索的功能,还能够通过自有的爬虫程序不断更新数据库,确保用户获取的搜索结果具有较高的相关度。此外,该网站还提供了更加干净、美观的搜索界面。

通过这样的系统,用户可以方便地搜索和下载互联网上的各类资源。网站的用户群体覆盖了所有在互联网上搜索和下载网盘资源的普通用户。

总体而言,这样的网盘搜索引擎不仅能够满足用户对各类资源的需求,还在大数据时代的信息爆炸中发挥了关键作用,为用户提供了更加便捷、高效和个性化的资源搜索和下载体验。

5.2　需求分析

5.2.1　用例图

爬虫员能够选择不同的爬虫方式,以满足特定需求并优化资源抓取的效果。网络爬虫员的用例图如图 5-1 所示。下面介绍本案例网络爬虫员的用例图。

爬取网盘地址:爬虫员通过这个子用例可以选择爬取特定网盘地址中的资源信息。这包括了从特定网盘中检索所有资源的需求,以确保系统中包含了广泛的网盘资源。

爬取资源主题:爬虫员通过这个子用例能够按照资源的主题或关键词进行抓取。这使得系统可以囊括各种主题,满足用户对不同内容的兴趣。

爬取资源分类:该子用例允许爬虫员按照特定的分类方式抓取资源,确保系统中的资源按照清晰的分类体系组织。

爬取资源大小:爬虫员可以选择按照资源的大小范围进行爬取。这确保了系统中包含不同大小的资源,满足用户对文件大小的不同需求。

爬取上传时间:爬虫员能够抓取最新上传的资源,保持系统中的资源信息的时效性。

存入数据库:爬虫员通过所选的爬虫方式获得的资源信息将被存入系统的数据库中。这包括将网盘地址、资源主题、资源分类、资源大小、上传时间等信息整合并存储,以便系统

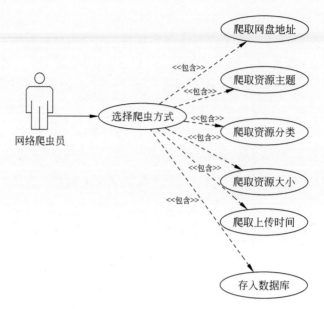

图 5-1　网络爬虫员用例图

能够快速、准确地提供搜索和浏览服务。

通过这些灵活的爬虫方式，系统的资源库能够更全面、深入地满足用户的需求，同时保持数据库的实时和完整。

用户用例图如图 5-2 所示。下面根据图 5-2 进行具体的介绍。

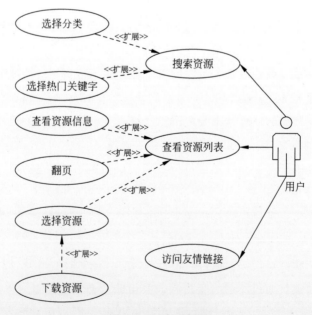

图 5-2　用户用例图

搜索资源：用户可以通过输入关键词实现对资源的搜索。在搜索过程中，用户可以使用以下拓展选项：选择分类、选择热门关键词。其中，选择分类是指用户可以在搜索框的旁边选择特定的资源分类，以便更准确地定位感兴趣的内容；选择热门关键词是指用户可以单击系统提供的热门关键词，以便快速获取当前热门或相关的资源信息。

查看资源列表：用户在搜索后会得到一个资源列表。这一用例可以进一步拓展成查看资源信息、翻页和选择资源。查看资源信息是指用户可以通过单击列表中的资源项来查看详细信息，包括文件大小、上传者、上传时间等。翻页是指如果搜索结果超过一页，用户可以通过翻页按钮或滚动浏览更多资源，确保他们能够访问到系统中的全部资源。选择资源是指用户可以通过勾选资源的复选框或其他方式选择他们感兴趣的资源，以备后续的操作。

访问友情链接：用户可以单击系统提供的友情链接，这可能包括与资源相关的其他网站、合作伙伴站点等，以便获取更多相关信息。

下载资源：用户可以选择并下载感兴趣的资源。可以具体拓展成前文所提到的选择资源。

通过这些细化的用例，系统可以更精确地了解用户在每个操作步骤中的需求，从而提供更加智能、用户友好的交互体验。

后台管理员用例图如图 5-3 所示。后台管理员在登录之后的操作主要有修改密码、查看网页和查看数据库，下面根据这几部分详细介绍本案例后台管理员的用例图。

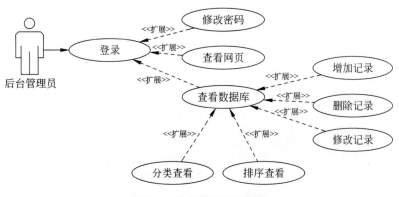

图 5-3　后台管理员用例图

修改密码：后台管理员可以通过此功能修改其登录系统的密码，确保账户安全。

查看网页：后台管理员可以通过此功能查看系统的前端页面，以便了解系统的用户界面和交互设计。

查看数据库：主要包括增加、删除、修改记录，以及分类、排序查看这几部分的子功能。后台管理员可以对数据库中的记录进行增加、删除和修改操作，以维护和管理系统的数据。

同时,后台管理员可以按照不同的分类标准查看数据库中的记录,以便更好地组织和管理数据;按照指定的字段对数据库中的记录进行排序,以便更方便地查找和浏览数据。

这些功能使得后台管理员能够对系统的数据进行灵活管理和维护,确保系统的正常运行和数据的完整性。

5.2.2　原型图

下面以后台站点管理界面为例介绍本项目的原型图设计。

如图 5-4 所示,后台站点管理界面中,左侧主要是新建用户或新建组、用户列表、网盘资源、资源列表几个功能;右侧是"最近动作"和"我的动作"列表,可以帮助后台管理员查看信息,方便管理资源站点和用户。界面上的最近动作类似于历史操作,可以帮助用户轻松追溯和跟踪最近的操作记录,包括对用户、组、资源等的创建、编辑、删除等动作。而"我的动作"列表则是针对当前登录的后台管理员所执行的操作,以便管理员快速了解自己的操作历史和活动。整个后台站点管理界面设计简洁清晰,功能布局合理,使得管理员能够高效地管理用户、资源和站点信息。

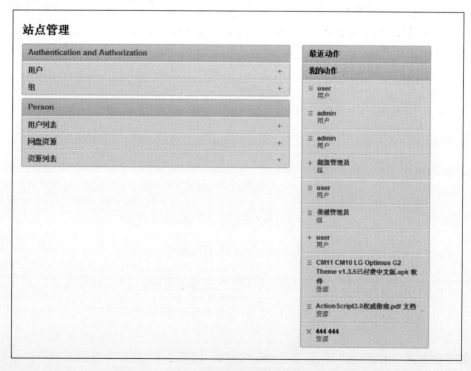

图 5-4　后台站点管理界面

5.3　系统设计

5.3.1　体系结构设计

在项目的开发过程中,选择采用 Python 作为主要开发语言。Python 以其清晰简洁的语法和广泛的应用领域,使得团队成员能够高效协作,极大地缩短了开发周期。同时,Python 拥有丰富的生态系统和强大的库支持,为项目提供了丰富的工具和解决方案,使得开发过程更加顺利和高效。

在页面设计方面,本项目采用了 CSS 和 JavaScript 这两种前端技术。CSS 主要用于页面样式设计,利用 DIV＋CSS 实现了页面的布局。这种设计模式不仅使页面呈现更为美观,而且充分体现了表现与内容的分离原则。这种分离不仅有助于提高网页加载速度,还使得网页的维护和改版变得更为便利。

JavaScript 作为一种客户端脚本语言,主要在 Web 浏览器中解释执行,为网页增加了丰富的交互和动态效果。通过 JavaScript,本项目成功实现了行为层与内容层的有效分离,为用户提供了更加友好和动态的网页体验。这种技术的应用不仅提高了用户与网页的互动性,还为项目增添了更多创新和个性化的可能性。

在编码阶段,本项目采用了 MySQL 和 Django 作为数据库和服务器技术。MySQL 是一个开源的关系数据库管理系统,具有稳定和性能良好的特点。在开发过程中,我们可以针对数据库进行优化,例如索引和查询优化,以提高系统的查询效率和响应速度。Django 则是一个基于 Python 的开源 Web 框架,它提供了高效、简便的方式来构建 Web 应用。Django 采用了模型-视图-控制器(MVC)的架构,这有助于开发者组织和维护代码。此外,Django 拥有丰富的文档和活跃的社区支持,为开发人员提供了强大的工具和资源。

开发工具主要有 PyCharm、HttpReaquester 和网页解析器。PyCharm 作为一款专业的 Python 集成开发环境,提供了强大的代码编辑、调试和版本控制功能。它对 Django 框架的全面支持能够提高开发效率,同时还具备智能代码提示和自动完成的功能,使得编码更加便捷。HttpReaquester 是一个用于发送 HTTP 请求的工具,它在开发和测试阶段能够快速验证 API 的可用性。通过模拟不同类型的请求(GET、POST 等),可以有效地测试系统对外部请求的响应情况。在处理网页内容时,可能会用到一些网页解析器,例如 Beautiful Soup 或 LXML。这些工具有助于从 HTML 或 XML 文档中提取数据,用于系统对网页内容的解析和处理。

画图工具使用的是 Microsoft 提供的一款流程图和示意图绘制工具 Visio。在系统开发中,使用 Visio 可以绘制系统架构图、流程图、数据库模型等,以便更清晰地传达系统设计和结构。

5.3.2 功能介绍

随着各种网站的成长,网络上的资源也是千奇百怪,当用户需要查询所需要的资源时,往往会被网络上的各种分享链接搞得晕头转向。想要从大量网站中找到最好、最新的资源也非常困难。所以提供一个高质量的网盘资源搜索平台无疑会为寻找资源带来更好便利。

本案例的资源搜索网站的功能主要分为两大模块,分别是前台模块和后台模块。功能架构如图 5-5 所示。

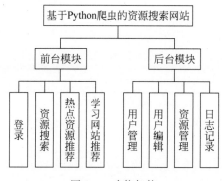

图 5-5 功能架构

网盘资源搜索网站的前台模块主要负责用户的搜索、热点资源的查看和搜索结果的返回,用户可单击搜索结果获取资源链接。主要功能如下。

(1) 登录。

用户可以通过两种方式登录本系统,具体功能如下。

① 验证码登录:用户能够通过邮箱和验证码登录。

② 密码登录:用户能够通过用户名和密码进行登录。

(2) 资源搜索。

搜索功能是本系统的核心功能,其功能主要是根据用户所输入的关键词获取相关度高的相关网盘资源,以改善用户的资源搜索效率并提高用户满意度。

用户在搜索栏输入关键词,单击"搜索"按钮,系统会在数据库中匹配关键词,当检索到相关内容时则从数据库返回结果。若在数据库中没有含该关键字的内容就在线爬取。最后将结果返回给用户。搜索有全局搜索和分类搜索两种，具体描述如下。

① 全局搜索：覆盖整个网盘的资源库。为用户提供一个全面、高效的搜索工具，让用户能够方便地找到他们所需的网盘资源，而不受特定类型或分类的限制。

② 分类搜索：分为文档、音乐、视频、其他、图片类可选，选中会在其上显示打钩标志，更为迅速地得到用户所需要的网盘资源类型。

（3）热点资源推荐。

热点资源功能是本系统的特色之一。该功能旨在向用户展示近期备受关注的资源标签，以便他们能够迅速了解当前的热点内容，从而提升用户在使用本系统时的体验感。通过这一功能，用户不仅能够快速了解当前备受瞩目的主题，还能根据个人兴趣深入挖掘更多相关资源。这样的设计使得系统更加用户友好，满足了用户对多样化资源的需求。

界面上会展示近期点击量较大的资源标签。用户可以根据个人兴趣点击其中的某个标签。选中标签后，系统将自动填充搜索框并开始搜索，并返回相关搜索结果。

（4）学习网站推荐。

通过这一功能，用户可以获得一系列与其兴趣和技能相关的学习资源，为其提供更广泛的学习体验。这项功能主要通过展示一系列相关的技术标签来实现。这些标签旨在涵盖多个学习领域，包括但不限于 PHP、个人博客、前端开发、JavaScript、Hadoop 全书等。用户可以根据自己的学习兴趣和需求，单击这些网站推荐标签，轻松跳转到相应的学习资源网站。

这一特色功能的优势在于为用户提供了一站式的学习资源导航，节省了他们寻找相关学习资料的时间。无论是对于初学者还是专业人士，这个学习网站推荐功能都为他们提供了一个全面、可定制的学习平台。用户能够更深入地探索自己感兴趣的领域，拓展知识面，提高技能水平。

后台模块的主要对象是管理员，负责管理资源爬取、对数据库进行增删改和对后台用户的管理。主要功能如下。

（1）用户管理。

用户管理功能是系统后台的核心之一，其主要任务是有效地管理用户信息、权限和安全。主要包括用户列表和用户搜索。系统后端提供一个清晰的用户列表，展示所有注册用户的基本信息。这包括用户名、角色、注册日期等关键信息。管理员可以通过用户列表快速了解系统中的用户情况，轻松进行用户信息的查看和管理。用户搜索方便管理员快速定位特定用户或用户组。搜索功能可以基于不同的标准，例如用户名、角色、注册日期等，从而提供高效的用户管理体验。

这两个功能协同工作,使得管理员能够迅速而准确地管理用户信息。用户列表提供了整体视图,而搜索功能则允许管理员在庞大的用户数据库中快速找到特定用户。这样的设计旨在提高用户管理的效率和精确性,确保系统管理员能够轻松管理用户信息和权限。

(2)用户编辑。

用户编辑功能的目的是为管理员或授权用户提供直观且易于操作的界面,以便他们能够方便地查看、修改和管理系统中的用户信息。通过提供这些功能,系统可以更灵活地适应用户管理的需求,确保用户信息的准确性和及时性。具体功能如下。

① 用户列表:显示系统中的所有用户,并为每个用户生成链接。通过点击链接,管理员或授权用户可以进入用户编辑界面进行相应的操作。

② 修改用户:在用户编辑界面,显示用户的基本信息,包括姓名、学号、兴趣爱好、创建时间等。管理员或授权用户可以对这些信息进行修改。提供删除、增加、保存等按钮,以便根据需求进行相应的操作。

③ 增加用户:提供一个界面,允许管理员或授权用户增加新的用户。在此界面,可以输入用户的姓名、学号、兴趣爱好、创建时间等信息,并进行修改。同样,也提供删除、增加、保存等按钮,以灵活管理用户信息。

(3)资源管理。

资源管理功能的整体目标是为后台人员提供一个直观而强大的工具,以管理系统中的各类资源。通过这一功能,资源的操作、查看和搜索都变得更加方便,确保了资源信息的完整性和易用性。具体功能如下。

① 资源操作:后台人员通过资源操作功能可以在数据库中进行删改查的操作,包括批量删除数据。插入新记录时,输入网盘 URL、搜索关键字、资源类别、资源大小、创建时间、Reserve 字段,并可选择删除、增加、保存等按钮,提供了灵活的管理选项。

② 资源表格:显示资源的搜索关键字、资源类别、创建时间,并支持单字段排序。用户可以通过复选框选中资源进行批量删除,同时显示总资源条数并提供翻页和跳页功能,以确保系统中的资源信息一目了然。

③ 导航栏:提供资源的翻页、资源总数统计以及搜索和过滤搜索的功能。这样的导航栏设计使得用户能够快速定位和浏览系统中的各类资源,提高了资源管理的效率和便捷性。

(4)日志记录。

日志记录功能旨在提供对系统操作的全面追踪和监控,帮助管理员了解系统的运行状况,及时发现问题并采取适当的措施。通过这一功能,系统的安全性和稳定性得以增强。

管理员可以轻松排序显示并单击查看每一次操作的详细信息,包括操作类型、执行者和时间。这一功能不仅使管理员能够及时发现潜在问题,还提供了删除记录和撤销操作的灵活性,以确保数据库的完整性和系统的稳定性。在查看日志后,管理员可以直接返回到相应的操作界面,便于进一步处理或纠正。

5.3.3　数据库设计

本项目依照实体关系图,设计了 auth_user、auth_group 等表,如表 5-1 所示。这些具体设计如表 5-2～表 5-9 所示。

表 5-1　数据库表

缩写/术语	解　　释	缩写/术语	解　　释
auth_user	后台管理员	auth_group_permissions	操作权限分组
auth_user_groups	后台管理员分组	auth_user_user_permissions	管理员权限
auth_permission	操作权限	django_admin_log	管理员操作日志
auth_group	分组信息	person_wpurlset	爬取资源集

表 5-2　auth_user 表

数　据　项	类　　型	长　度	取 值 含 义	约 束 条 件
id	int	11	用户 ID	NOT NULL PRIMARY KEY
password	varchar	128	用户密码	NOT NULL
last_login	datetiem	6	上次登录时间	NOT NULL
is_superuser	tinyint	1	是否为超级用户	NOT NULL
username	varchar	30	用户名	NOT NULL
first_name	varchar	30	名字	NOT NULL
last_name	varchar	30	姓氏	NOT NULL
email	varchar	254	邮箱	NOT NULL
is_staff	tinyint	1	是否为管理员	NOT NULL
is_active	tinyint	1	是否活动	NOT NULL
date_joined	datetime	6	加入时间	NOT NULL

表 5-3　auth_user_groups 表

数　据　项	类　　型	长　度	取 值 含 义	约 束 条 件
id	int	11	组 ID	NOT NULL PRIMARY KEY
user_id	int	11	用户 ID	NOT NULL FOREIGN KEY
group_id	int	11	分组 ID	FOREIGN KEY

表 5-4　auth_group 表

数 据 项	类 型	长 度	取 值 含 义	约 束 条 件
id	int	11	分组 ID	NOT NULL PRIMARY KEY
name	varchar	80	分组名称	NOT NULL

表 5-5　auth_permission 表

数 据 项	类 型	长 度	取 值 含 义	约 束 条 件
id	int	11	权限 ID	NOT NULL PRIMARY KEY
name	varchar	255	权限名称	NOT NULL
content_type_id	int	11	内容类型 ID	NOT NULL
codename	varchar	100	操作名称	NOT NULL

表 5-6　auth_group_permissions 表

数 据 项	类 型	长 度	取 值 含 义	约 束 条 件
id	int	11	权限组 ID	NOT NULL PRIMARY KEY
group_id	int	11	分组 ID	NOT NULL FOREIGN KEY
permission_id	int	11	权限 ID	NOT NULL FOREIGN KEY

表 5-7　auth_user_user_permissions 表

数 据 项	类 型	长 度	取 值 含 义	约 束 条 件
id	int	11	用户权限 ID	NOT NULL PRIMARY KEY
user_id	int	11	用户 ID	NOT NULL FOREIGN KEY
permission_id	int	11	权限 ID	FOREIGN KEY

表 5-8　django_admin_log 表

数 据 项	类 型	长 度	取 值 含 义	约 束 条 件
id	int	11	日志 ID	NOT NULL PRIMARY KEY
action_time	datetime	6	操作时间	NOT NULL
object_id	longtext	0	操作对象 ID	
object_repr	varchar	200	操作对象	NOT NULL
action_flag	smallint	5	操作标志	NOT NULL
change_message	longtext	0	改变信息	NOT NULL
content_type_id	int	11	内容类型 ID	
user_id	int	11	用户 ID	NOT NULL FOREIGN KEY

表5-9　person_wpurlset 表

数 据 项	类 型	长 度	取 值 含 义	约 束 条 件
wpid	int	11	网盘 ID	NOT NULL PRIMARY KEY
wpurl	varchar	100	网盘地址	NOT NULL
title	varchar	200	标题	NOT NULL
category	varchar	20	分类	NOT NULL
resourcesize	varchar	20	资源大小	NOT NULL
indextime	datetime	6	上传时间	NOT NULL
reserve	varchar	100	保留字段	NOT NULL

5.3.4　设计模式

1. 抽象工厂

场景：对于抓取到的数据，系统需要将它保存到数据库，有时也需要查询数据库。

抽象工厂模式类图如图 5-6 所示。工厂模式旨在提供一种创建对象的接口，将对象的实际创建延迟到具体的子类工厂中。客户端代码与实际创建的对象解耦，从而使系统更具灵活性和可维护性。对于给定的输入数据，定义两个不同的工厂意味着存在两个独立的工厂类，每个工厂类负责创建一组相关的对象。工厂类还包含了对象的操作方法。这些操作方法可以根据业务需求执行各种功能，比如对数据库进行增、删、改、查等操作、合并两条数据库记录等。这两个工厂可以实现相同的接口或继承相同的基类，但它们的实现方式是不同的。

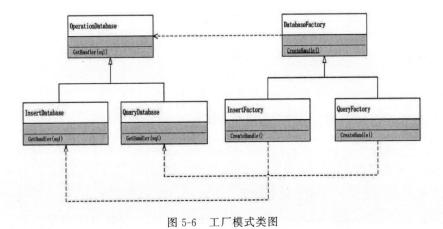

图 5-6　工厂模式类图

2．装饰器

场景：在丰富数据库表时，系统需要读取 HTML 网页内容，有两种各有优缺点的获取方式。使用 Session，可以解决 ConnectionError 异常，但在一般情况下，使用 urlopen 效率会更高。因此我们需要根据不同的时机使用不同的方法，能达到更好的效果。

策略模式类图如图 5-7 所示。策略模式是一种行为设计模式，它定义了算法族，分别封装起来，使它们之间可以相互替换，从而使得客户端代码不受算法变化的影响。对于使用不同的方式读取网页内容的场景，策略模式可以通过定义不同的读取算法，比如从网络获取、从本地文件读取等，将这些算法封装到不同的策略类中。然后在需要读取网页内容的地方，通过使用合适的策略类来实现读取，而无须修改原有代码。这样就实现了读取方式的灵活性和可扩展性，而且符合开闭原则。

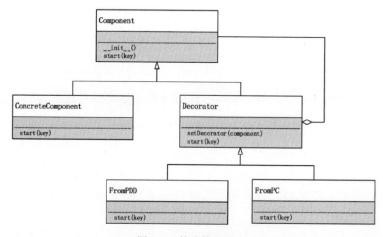

图 5-7　策略模式类图

3．代理模式

场景：对于前端用户的输入，我们需要知道复选框的选择情况，以查询用户需要的信息，比如用户选择了视频，则后台返回视频分类的查询结果。

代理模式类图如图 5-8 所示。代理模式是一种结构型设计模式，其主要目的是通过引入一个代理对象来控制对另一个对象的访问。代理对象充当了客户端与真实对象之间的中介，通过代理可以在访问真实对象之前或之后执行一些附加的操作，比如控制访问权限、实现懒加载等。代理模式中通常有三个角色：抽象主题、真实主题、代理主题。通过这三个角色各自发挥作用可以实现对 categoryList 信息填充的灵活控制，同时将与信息填充相关的逻辑从客户端代码中分离出来,提高系统的可维护性和可扩展性。

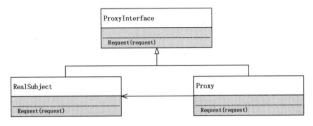

图 5-8　代理模式类图

4．模板模式

场景:对于得到的 HTML 内容,需要使用解析方案,进一步得到网盘信息的具体内容,比如网盘地址、网盘资源大小等,具体分两层进行获取信息。

模块模式类图如图 5-9 所示。模块模式并非一种特定的设计模式,而更类似于一种组织代码的模块化编程方法。在模块模式中,代码被组织成一系列独立的模块,每个模块负责实现一个特定的功能,同时提供一个清晰的接口供其他模块使用。它可以使用 soup（soup 是 Python 中的一种 Dom 解析模块的一个方法）,用来解析两层的网页内容,比如获取标题、时间。

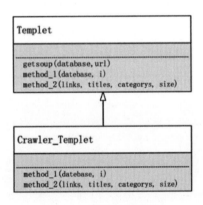

图 5-9　模块模式类图

5．策略模式

场景:不同的网页可能有不同的解析算法,比如一种算法用于解析包含标题的网页,另一种算法用于解析包含时间的网页。

策略模式类图如图 5-10 所示。策略模式（Strategy Pattern）是一种行为型设计模式,它定义了一系列算法,将每个算法封装起来,并且使它们可以相互替换,使得算法的变化不会影响到使用算法的客户端。策略模式主要关注的是定义一组算法、封装每个算法,并使它们可互换。策略模式通常包含三个角色:策略接口、具体策略类、环境类。通过使用策略模式,可以将这些解析算法封装成独立的策略类,使得客户端能够根据需要动态地切换使用不同的解析算法。

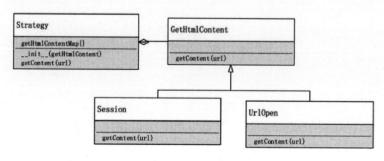

图 5-10　策略模式类图

5.3.5　出错处理措施

网络故障:客户端重新发送请求。网络故障对于性能的影响比较小,用户只要多一次的请求就可以解决。

服务器宕机:重启服务器。在发现服务器宕机之前,用户是无法访问系统的,此时对于用户的影响是较大的,改进方法是使用两台服务器,当其中一台发生宕机时,立即自动切换到另一台的服务器。

超时处理:在客户端与服务器之间的通信中,设置适当的超时时间。如果服务器在规定时间内没有响应,客户端可以认为发生了网络故障,触发重新发送请求或其他相应的处理。

备份和恢复:定期对系统数据进行备份,以便在发生灾难性故障时能够快速恢复。备份可以包括数据库、配置文件等关键数据。

5.3.6　测试分析

本节旨在总结测试阶段的过程和分析结果,以确定系统是否满足需求。测试分析报告记录和分析测试结果,是测试过程中的重要环节,对软件性能进行综合评估,指出不足之处。这有助于未来改进软件功能,提高性能,并帮助开发者理解源代码,优化程序。完成测试后,需提交测试计划执行情况说明,对结果进行分析,并提出结论和建议。

以下将从后台测试、前台测试和爬虫测试几部分进行总结分析。

(1) 后台测试。

后台测试总结如表 5-10 所示。

表 5-10　后台测试总结

模　　块	测　试　功　能	测　试　结　果
用户表格	显示总共用户数、电子邮件地址、姓名、职员状态、任意字段排序	返回用户列表
	已知用户的用户名	返回用户列表
导航栏	进行用户搜索、过滤搜索	返回新的用户列表
	按钮可增加用户	返回新的用户列表
用户列表	显示用户的所有人/形成链接/进入用户编辑界面	返回用户个体列表
修改用户	显示用户的姓名、学号、兴趣爱好、创建时间	返回用户个体信息
	选择删除、保存并继续编辑	删除、保存并继续编辑
	保存并增加一个	保存并增加一个
	保存	返回用户个体信息
增加用户	增加用户	返回新用户
	输入用户的姓名、学号、兴趣爱好、创建时间、修改	返回新用户
	删除	删除
	保存	保存
	继续编辑	继续编辑
	保存并增加一个	保存并增加一个
增加资源	插入一条记录	返回新的资源记录
	继续编辑	继续编辑
	保存并增加一个	保存并增加一个
	保存	返回新用户
资源表格	显示资源的搜索关键字	返回操作后的资源表格
	复选框中选中	选中
	批量删除	删除
	显示总共的资源条数	显示
	翻页跳页功能	翻页跳页
导航栏	资源的翻页	返回操作后的资源表格
	过滤搜索	返回操作后的资源表格
我的动作	记录管理员最近对数据库进行的所有操作	记录
	排序显示	显示
	可进行单击,回到操作界面	跳转
模块	测试功能	测试结果
用户表格	显示总共用户数	返回用户列表

　　根据表 5-10 可以发现,测试情况总体上看是比较良好的。用户表格、导航栏、用户列表、修改用户、增加用户、增加资源以及资源表格等各模块的功能测试都达到了预期的效果。例如,用户表格能够正确显示用户信息并支持排序功能,导航栏能够进行用户搜索和过滤搜索等操作,用户列表能够显示用户的个体信息并形成链接,修改用户和增加用户等功能也都能正常执行,资源表格能够显示资源的搜索关键字、类别和创建时间等信息,并支持翻页跳页功能。此外,针对我的动作模块,记录管理员对数据库的操作、排序显示以及单击跳转等功能也得到了验证。

　　总的来说,后台测试显示了系统在各个功能模块上的稳定性和可靠性,为系统的后续部署和应用提供了坚实的基础。

　　(2) 前台测试。

　　前台测试总结如表 5-11 所示。

表 5-11　前台测试总结

模　　块	测 试 功 能	测 试 结 果
欣赏美图	由最新的美图中选择四张,这四张图片会不断地滚动播放	欣赏
极光团队	介绍团队名	显示
	单击进入会显示一个动画	极光,动画效果
搜索框	显示"请输入关键词"	显示
	在其中输入用户想要搜索的网盘资源	保存结果,等待点击搜索键提交
分类选项	文档、音乐、视频、其他、图片	打钩,成功勾选
	多选	多选成功,多个字段返回结果
热门推荐	单击编程、游戏、美国队长、青春、剧场版、OVA	包含查询的热门推荐的新动态页面
搜索键	单击可对输入关键词进行搜索	包含查询到的信息的新动态页面
站内通知	显示管理员想说的事件与公告,可留言	暂未实现,链接到对应的贴吧
标签云	用户可点击进入相关网址学习计算机技术	计算机学习网站
微信关注我	用户扫码	可加好友或者收藏网站
友情链接	链接到对应的友情网站	友情网站首页
统计导航栏	统计此次搜索总共有多少条数	此次搜索结果共＃条
标题	跳转到百度网盘相关资源首页	百度网盘页面
分类标签	显示资源类型	显示资源的 category 字段
上传时间	显示资源上传时间	显示资源的 time 字段
评论	显示资源评论	暂未实现
浏览	显示资源浏览数	暂未实现
资源简介	显示资源简介	计划实现百度爬取
底部	资源页面查询结果的翻页	可翻页
	跳转页面浏览	跳转页面成功
	首页和尾页浏览	链接到相关的页面,显示具体信息

前台测试表明，系统在大部分功能模块上表现良好，但也有一些暂未实现或待改进的地方。首先，就已实现的功能而言，欣赏美图、极光团队介绍、搜索框、分类选项、热门推荐、搜索键、标签云、微信关注我、友情链接、统计导航栏、标题、分类标签、上传时间和底部翻页等功能都得到了验证，能够顺利执行对应的操作或显示所需信息。然而，也存在一些功能暂未实现或需要进一步改进的地方，如站内通知、评论、浏览、资源简介等功能。这些功能的实现或改进将有助于提升用户体验，增加系统的吸引力和实用性。

综上所述，尽管系统已经实现了大部分功能并且表现良好，但还需要对一些功能进行完善和优化，以确保系统能够满足用户的需求并提供良好的使用体验。

（3）爬虫测试。

对于爬虫部分，本项目也进行了一系列的测试，总的来说，虽然经历了一些挑战和困难，比如网络传输的保密性和安全性、数据库的安全性还存在一定的缺陷，有可能会由于传输过程中数据的丢失造成软件运行的错误，同时对于限定性输入框中的限定条件不够完整。但在测试过程中积累了丰富的经验，对爬虫的效率和速度进行了测试，并成功解决了一些翻页和请求失败的问题，为后续的爬虫工作提供了宝贵的经验和教训！

5.4　小结

在本项目中，搜索引擎采用自有搜索技术，通过自主开发的爬虫程序，从网络上抓取共享文件信息，建立自己的资源数据库。相比国内外其他的网盘搜索引擎，该系统旨在提供更高相关度的搜索结果，并且界面简洁、操作快捷，为用户提供优质的搜索体验。主要研究内容包括爬虫的开发、网站的搭建、数据库的构建以及框架的应用。爬虫程序是项目的核心，负责从网络上收集资源信息；网站的搭建涉及前后端页面的设计与管理；数据库用于存储从网络上获取的资源信息；框架的学习应用旨在提高开发效率。

总的来说，通过采用自有搜索技术、Python 开发语言、MySQL 数据库和 Django 框架，我们期待看到一个更为高效、准确的网盘搜索引擎为用户带来更便捷、优质的资源检索体验，为互联网用户提供更全面、高效的资源共享平台。本案例应用于福州大学计算机与大数据学院电子信息专业学位硕士研究生课程"高级软件工程""软件体系结构"等，累计授课超过 500 人次，取得了优异的教学效果。

第 6 章

实验室协作系统项目[①]

随着科技的不断进步,实验室的研究变得越来越复杂,研究人员之间的协作也呈现出多样性和复杂性。为了应对这一挑战,实验室协作系统项目搭建了一个全面而高效的平台,旨在满足现代科研实验室的高效协作与信息管理需求。

6.1 相关背景

在现代科研环境中,人们面临着越来越庞大、复杂的科研数据和实验信息。科研项目通常涉及多个研究人员、多种实验设备以及大量的数据。传统的实验室管理方式难以满足协作的需求,研究人员进行数据分析和数据共享时,往往面临着效率低下、信息不透明等问题。

为了解决这一问题,越来越多的实验室开始转向数字化管理。数字化实验室管理不仅能够提高实验室的工作效率,还可以实现更高水平的合作和协同。实验室协作系统的引入,不仅是对传统实验室管理方式的一种革新,更顺应了科研领域数字化转型的趋势。该系统不仅是一个信息管理平台,更是一种促进创新、协同和知识共享的工具。通过全面的功能设计,它将实验室的各个环节有机连接,为研究人员提供了一个高效便捷的工作平台,助力科研成果的快速产出。实验室协作系统的发展标志着实验室管理的数字时代的到来,预示着科研工作将在更加数字化、协同化的环境中蓬勃发展。

---

① 本案例由黄腾达、张合胜和林洋洋(来自福州大学数计学院 2017 级)提供。

6.2　需求分析

6.2.1　用例图

下面介绍本项目日程管理模块的用例图(图 6-1)。日程管理的主要参与者是用户和协作管理者。

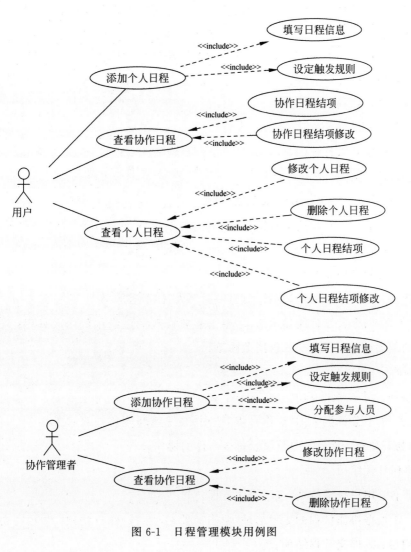

图 6-1　日程管理模块用例图

（1）添加个人日程。

前提条件：用户登录成功。

场景：①填写日程的开始时间和截止时间；②填写日程的标题；③填写日程的详细内容；④设定日程提醒的触发规则；⑤提交保存。

（2）查看个人日程。

前提条件：用户登录成功。

场景：①单击菜单栏中的"个人日程"选项，跳转到个人日程界面；②可输入一些过滤条件，如开始时间等；③分页显示符合条件的个人日程。

（3）修改个人日程。

前提条件：用户登录成功，查看个人日程。

场景：①根据个人日程的显示结果，单击需要修改的个人日程项；②修改个人日程的相关信息；③提交保存。

（4）删除个人日程。

前提条件：用户登录成功，查看个人日程。

场景：①根据个人日程的显示结果，单击需要删除的个人日程项；②删除并提交。

（5）个人日程结项。

前提条件：用户登录成功，查看个人日程。

场景：①根据个人日程的显示结果，单击需要结项的个人日程项；②填写结项的相关内容；③提交日程结项。

（6）个人日程结项修改。

前提条件：用户登录成功，查看个人日程，个人日程已结项。

场景：①根据个人日程的显示结果，单击需要修改的已结项的个人日程；②修改个人日程结项的相关内容；③提交日程结项修改。

（7）查看协作日程。

前提条件：用户登录成功。

场景：①单击菜单栏中的"协作日程"选项，系统跳转到协作日程界面；②可输入一些过滤条件，如开始时间等；③分页显示符合条件的协作日程。

（8）协作日程结项。

前提条件：用户登录成功，查看协作日程。

场景：①根据协作日程的显示结果，单击需要结项的协作日程项；②填写协作日程结项的相关内容；③提交日程结项。

（9）协作日程结项修改。

前提条件：用户登录成功，查看协作日程，协作日程已结项。

场景：①根据协作日程的显示结果，单击需要修改的已结项的协作日程项；②修改协作日程结项的相关内容；③提交日程结项修改。

（10）添加协作日程。

前提条件：用户登录成功，查看协作，用户为协作管理者。

场景：①根据协作日程的显示结果，单击需要添加的协作日程的协作项；②填写日程信息；③填写日程提醒的触发条件；④分配参与人员；⑤发布协作日程。

（11）修改协作日程。

前提条件：用户登录成功，查看协作日程，用户为协作管理者。

场景：①根据协作日程的显示结果，单击需要修改的协作日程项；②修改协作日程的相关内容；③提交修改。

下面介绍本项目协作模块用例图（图 6-2）。协作的主要参与者有协作创建者、协作负责人和协作参与者。

（1）查看参与协作。

前提条件：用户登录成功。

场景：①单击菜单栏中的"参与协作"选项，系统跳转到参与协作界面；②可输入一些过滤条件，如协作标题等；③分页显示符合条件的参与协作。

（2）查看协作信息。

前提条件：用户登录成功。

场景：①单击参与协作界面的"查看"按钮；②显示协作信息。

（3）查看负责协作。

前提条件：用户登录成功。

场景：①单击菜单栏中的"负责协作"选项，系统跳转到负责协作界面；②可输入一些过滤条件，如协作标题等；③分页显示符合条件地负责协作；④添加协作成员。

（4）查看协作成员。

前提条件：用户登录成功，查看负责协作，用户为协作负责人。

场景：①根据负责协作的显示结果，单击"查看协作成员"按钮；②分页显示成员信息。

（5）关闭协作。

前提条件：用户登录成功，查看拥有协作，用户为协作创建者。

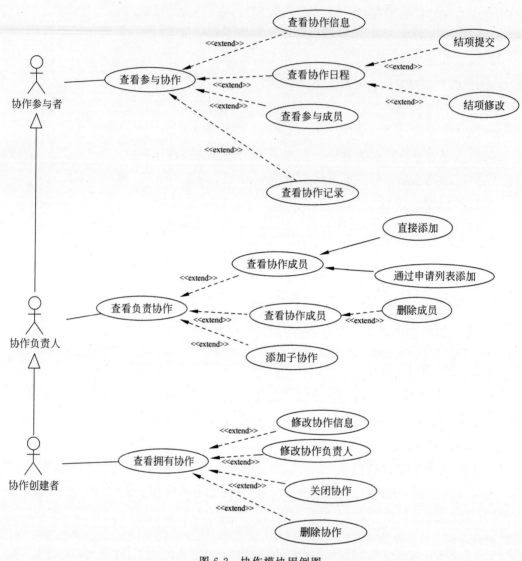

图 6-2　协作模块用例图

场景：①根据协作的显示结果，单击需要关闭的协作；②提交修改。

（6）删除协作。

前提条件：用户登录成功，查看拥有协作，用户为协作创建者。

场景：①根据协作的显示结果，单击需要删除的协作；②提交删除。

下面介绍本项目文件模块用例图（图6-3）。该模块的主要参与者是用户。

（1）上传文件。

前提条件：用户登录成功，查看拥有协作，用户为协作创建者。

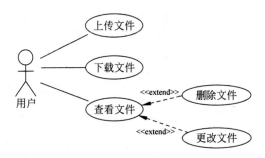

图 6-3　文件模块用例图

场景：①单击"上传文件"按钮，弹出文件选择对话框；②选择要上传的文件；③后台上传文件。

（2）下载文件。

前提条件：用户登录成功，查看拥有协作，用户为协作创建者。

场景：①单击下载链接或单击某个文件的下载按钮；②后台下载文件。

（3）查看文件。

前提条件：用户登录成功。

场景：①单击"查看文件"按钮，可输入一些过滤条件，如文件名等；②分页显示符合条件的文件。

（4）删除文件。

前提条件：用户登录成功，查看文件，用户为文件上传者。

场景：①根据查看文件的显示结果，选择需要删除的文件项；②提交删除。

下面介绍本项目系统管理员模块用例图（图 6-4）。

（1）查看用户。

前提条件：用户登录成功，用户为系统管理员。

场景：①单击"用户查看"按钮；②分页显示用户信息。

（2）添加角色。

前提条件：用户登录成功，用户为系统管理员。

场景：①单击"添加角色"按钮；②填写角色相关信息；③提交添加。

（3）查看角色。

前提条件：用户登录成功，用户为系统管理员。

场景：①单击"角色查看"按钮；②分页显示角色信息。

（4）分配权限。

前提条件：用户登录成功，用户为系统管理员，查看角色。

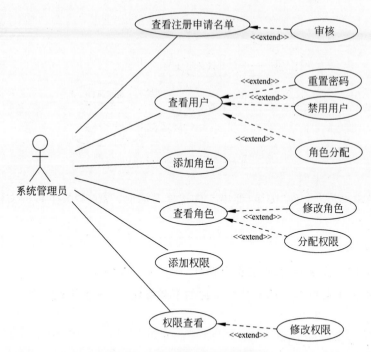

图 6-4　系统管理员模块用例图

　　场景：①根据角色查看的显示结果，选择需要分配权限的角色；②分配权限；③提交保存。

（5）添加权限。

前提条件；用户登录成功，用户为系统管理员。

场景：①单击"添加权限"按钮；②填写权限相关信息；③提交添加。

下面介绍本项目个人模块用例图（图 6-5）。

（1）注册。

前提条件：无。

场景：①在系统登录界面上单击"注册"按钮；②填写注册相关信息；③提交注册申请

（2）登录。

前提条件：用户注册成功。

场景：①在系统登录界面上输入账号、密码；②验证账号和密码是否匹配；③如果为有效用户，系统跳转到主页。

后置条件：系统跳转到主页。

非功能需求：给出登录错误原因概述。

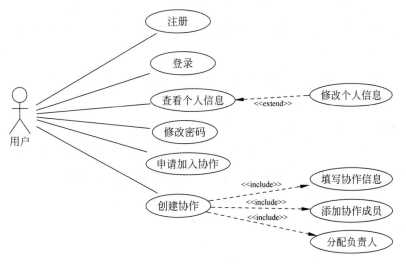

图 6-5　个人模块用例图

（3）查看个人信息。

前提条件：用户登录。

场景：①单击"个人信息查看"按钮；②显示个人信息内容。

（4）修改密码。

前提条件：用户登录。

场景：①单击"修改密码"按钮；②输入旧密码和新密码；③提交更改。

后置条件：无。

非功能需求：用确认密码加以检验。

（5）申请加入协作。

前提条件：用户登录。

场景：①根据查看协作的显示结果,单击想申请的协作；②提交申请。

（6）创建协作。

前提条件：用户登录。

场景：①单击"创建协作"按钮；②填写协作信息；③添加协作成员；④分配负责人；⑤发布创建。

6.2.2　原型图

下面以个人日程管理界面和文件管理界面为例介绍本项目的原型图设计。

　　如图 6-6 所示,个人日程管理界面主要由以下几个组件构成:主菜单栏位于界面最左侧,提供了导航到不同界面的选项(包括"个人管理""协作管理""文件管理""角色管理"等选项),以帮助用户轻松浏览内容。条件过滤框位于界面的上半部分,用户可以在其中输入信息,以便快速搜索到他们想要查看的个人日程。条件过滤包括日程 ID、标题、内容、状态、创建时间和更新时间等。日程显示表位于界面中心,以表格形式展示日程,包括日程 ID、标题、状态等属性。在表格中,最后一列提供了日程的"查看"按钮、"修改"按钮和"删除"按钮。分页栏位于界面底部,它允许用户跳转到不同页码以查找所需的日程信息。它包括"上一页"按钮和"下一页"按钮,使用户可以方便地浏览多页的日程信息。

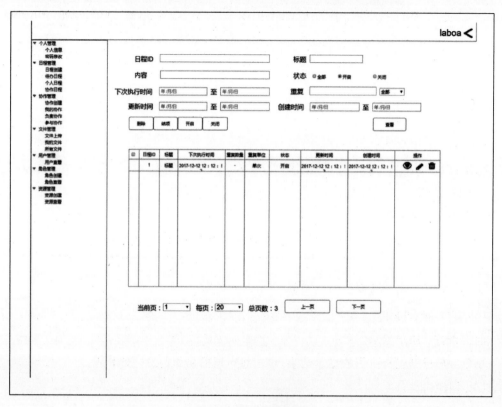

图 6-6　个人日程界面

　　如图 6-7 所示,文件管理界面与个人日程管理界面采用相同的画面风格。主要由以下几个组件构成:主菜单栏位于界面最左侧,提供导航到不同界面的选项,以帮助用户轻松浏览内容。条件过滤框位于界面的上半部分,允许用户在其中输入信息,以便快速搜索到他们想要查看的文件。条件过滤包括文件 ID、文件名、上传者和文件说明等。文件显示表位于界面中心,以表格形式展示文件,包括文件 ID、上传者、文件名、文件说明和创建时间等属性。在表格中,最后一列提供了文件的"查看"按钮、"修改"按钮和"删除"按钮。分页栏位于界面底部,它允许用户跳转到不同页码以查找所需的文件。它包括"上一页"按钮和"下一页"按钮,使用户可以方便地浏览多页的文件信息。

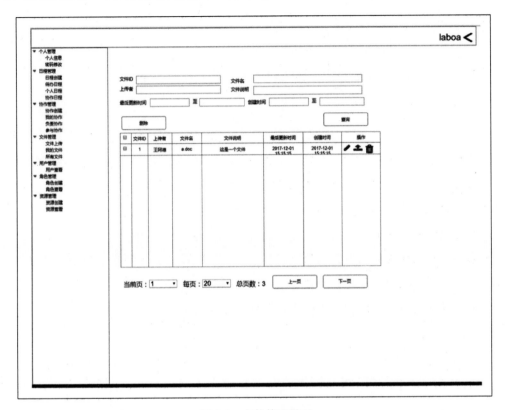

图 6-7　文件管理界面

6.3　系统设计

6.3.1　功能介绍

实验室协作系统主要包含五大功能模块,分别是个人管理、日程管理、协作、权限管理和文件管理模块。我们根据功能架构图(图 6-8),介绍本项目的核心功能模块。

(1) 个人管理。

个人管理模块主要包括个人信息修改、密码修改和加入协作申请这三个子功能模块。

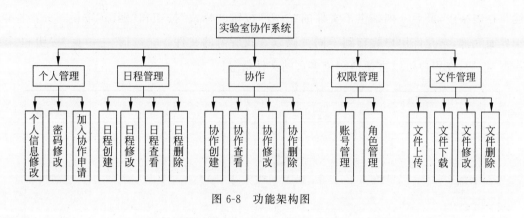

图 6-8　功能架构图

个人信息修改允许已注册的用户在系统中修改个人信息，如 QQ 账号、邮箱和联系方式等。密码修改允许已注册的用户更改其登录密码。加入协作申请功能则允许用户表达加入某个协作团队的意愿，并向相应协作团队的管理员发送加入请求。

（2）日程管理。

日程管理模块主要包括日程创建、日程修改、日程查看和日程删除这四个子功能模块。日程创建指用户填写日程信息并设置日程提醒的触发规则，以创建新的日程。而日程修改则允许用户修改已有日程的信息或修改其提醒触发规则。

（3）协作。

协作模块包括协作创建、协作查看、协作修改和协作删除这四个子功能模块。协作创建指用户填写协作信息、指定协作负责人和协作参与人员，从而创建一个新的协作项目。

（4）权限管理。

权限管理模块分为账号管理和角色管理这两个子功能模块。账号管理涵盖注册审核、密码重置、角色分配和登录限制等功能。注册审核是系统管理员对新用户注册申请的审核过程，旨在防止恶意活动和虚假账户的产生。密码重置允许系统管理员帮助用户重新设置其账户密码，通常出于安全的考虑。当用户忘记密码、账户被锁定或出现其他访问问题时，系统管理员可以通过密码重置流程来协助用户。角色分配则是系统管理员根据用户需求和权限，为用户分配特定角色和相应权限的过程。角色管理涉及系统管理员在系统中创建、配置和管理各种角色，每个角色具有特定的权限集，允许用户执行相应的任务或访问资源。

（5）文件管理。

文件管理模块包括文件上传、文件下载、文件修改和文件删除这四个子功能模块。

6.3.2　数据库设计

1. 实体关系分析

本项目根据系统功能需求设计数据库逻辑结构,由表 6-1 中的实体和属性构成。实体关系描述如下。

(1) 用户:日程(1:n)。

关系描述:一名用户可以处理多个日程,同时一个日程只能被一名用户处理。

(2) 用户:日程结项(1:n)。

关系描述:一名用户可以处理多个日程结项,同时一个日程结项只能被一名用户处理。

(3) 用户:协作信息(n:n)。

关系描述:一名用户可以处理多个协作信息,同时一个协作信息可以被多名用户处理。

(4) 用户:文件(1:n)。

关系描述:一名用户可以处理多个文件,同时一个文件只能被一名用户处理。

(5) 用户:用户信息(1:1)。

关系描述:一名用户只能管理一个用户信息,同时一个用户信息只能由一名用户管理。

(6) 日程:日程结项(1:1)。

关系描述:一个日程只能对应一个日程结项,同时一个日程结项只能对应一个日程。

(7) 协作:协作成员(n:n)。

关系描述:一个协作可以由多名协作成员参与,同时一名协作成员可以参与多个协作。

表 6-1　实体-属性表

实　　体	属　　性
用户	用户 ID、用户名、密码、角色等
日程	日程 ID、用户 ID、标题、类型、备注等
日程结项	日程结项 ID、日程结项状态、内容等
协作信息	协作信息 ID、协作名称、备注、开始时间、结束时间等
协作成员	协作成员 ID、协作 ID、用户 ID、角色、参与时间等
文件	文件 ID、用户 ID、文件名、文件存储地址、备注等
用户信息	用户信息 ID、用户 ID、用户名、邮箱、联系方式等

2. 数据字典设计

本项目根据实体-属性表(表 6-1)设计日程信息表、协作信息表和协作成员信息表等数据库表，如表 6-2 所示。核心数据库表的具体设计如表 6-3～表 6-10 所示。

表 6-2　数据库表

缩写/术语	解　释	缩写/术语	解　释
agenda	日程信息表	cooperation_member	协作成员信息表
agenda_summary	日程结项信息表	file	文件信息表
cooperation	协作信息表	user	用户表
cooperation_agenda	协作-日程对应表	userinfo	用户信息表

表 6-3　日程信息表（agenda）

字　段　名	数据类型	长　度	是否非空	是否为主键	备　注
agenda_id	int	10	是	是	日程 ID
owner_id	int	10	是	否	日程所有者 ID
title	varchar	255	是	否	标题
type	varchar	255	否	否	类型
next_time	datetime	—	否	否	日程计划时间
remark	text	—	否	否	备注
update_time	datetime	—	否	否	修改时间
create_time	datatime	—	否	否	创建时间

表 6-4　日程结项信息表（agenda_summary）

字　段　名	数据类型	长　度	是否非空	是否为主键	备　注
summary_id	int	10	是	是	日程结项 ID
status	varchar	255	否	否	状态
content	text	—	否	否	内容
summary_time	datetime	—	否	否	结项时间

表 6-5　协作信息表（cooperation）

字　段　名	数据类型	长　度	是否非空	是否为主键	备　注
cooperation_id	int	10	是	是	协作 ID
name	varchar	255	是	是	协作名
remark	text	—	否	否	备注
begin_date	datetime	—	否	否	开始时间
end_date	datetime	—	否	否	结束时间
update_time	datetime	—	否	否	修改时间
create_time	datatime	—	否	否	创建时间

表 6-6　协作-日程对应表（cooperation_agenda）

字　段　名	数据类型	长　度	是否非空	是否为主键	备　注
cooperation_agenda_id	int	10	是	是	协作-日程对应 ID
cooperation_id	int	10	是	否	协作 ID
agenda_id	int	10	是	否	日程 ID

表 6-7　协作成员信息表（cooperation_member）

字　段　名	数据类型	长　度	是否非空	是否为主键	备　注
member_id	int	10	是	是	协作成员 ID
cooperation_id	int	10	是	否	协作 ID
user_id	int	10	是	否	用户 ID
role	varchar	255	否	否	角色
join_time	datetime	—	否	否	协作时间

表 6-8　文件信息表（file）

字　段　名	数据类型	长　度	是否非空	是否为主键	备　注
file_id	int	10	是	是	文件 ID
user_id	int	10	是	否	用户 ID
name	varchar	255	是	否	文件名
update_time	datetime	—	否	否	修改时间
create_time	datatime	—	否	否	创建时间

表 6-9　用户表（user）

字　段　名	数据类型	长　度	是否非空	是否为主键	备　注
user_id	int	10	是	是	用户 ID
username	varchar	255	是	否	用户名
password	varchar	255	是	否	密码
role	varchar	255	是	否	角色
status	varchar	255	是	否	状态
login_time	datetime	—	否	否	登录时间
register_time	datetime	—	否	否	注册时间

表 6-10　用户信息表（userinfo）

字　段　名	数据类型	长　度	是否非空	是否为主键	备　注
userinfo_id	int	10	是	是	用户信息 ID
userid	int	10	是	否	用户 ID
name	varchar	255	否	否	用户姓名
qq	varchar	255	否	否	QQ 号
email	varchar	255	否	否	邮箱
phone	varchar	255	否	否	联系方式

6.3.3 测试分析

整个系统包含了个人模块、管理员模块和文件模块等。其中,各大模块下还包括多个子模块,在开发过程中需要对每个子模块进行测试与分析,由于模块过多,本节仅展示个人模块和文件模块的测试分析(表 6-11、表 6-12)。

表 6-11 个人模块测试

测 试 功 能	测 试 项	输入/操作	检 查 点	测试结果
用户注册	注册界面		正确显示注册界面	一致
	注册动作	单击注册	必填项为空,提示错误	一致
			用户名已存在,提示错误	一致
			必填项不符合正则规则,给出错误提示	一致
			注册是否成功,给出提示	一致
用户登录	登录界面		正确显示登录界面	一致
	登录动作	未输入账号密码,直接单击"登录"按钮	提示错误,不能登录	一致
		单击登录	用户名或密码错误,给出提示	一致
			用户名或密码不符合规则,给出提示	一致
			输入正确的用户名和正确的密码,系统跳转到主界面	一致

表 6-12 文件模块测试

测 试 功 能	测 试 项	输入/操作	预 期 结 果	测试结果
文件上传	选取文件	选择文件	选择成功	一致
		选择文件夹	选择失败	一致
	上传到服务器	单击上传到服务器	系统弹出报错信息	一致
			上传成功	一致

6.4 小结

实验室协作系统项目推动了科研实验室管理模式的革新和升级。数字化实验室管理的成果不仅仅体现在数据的高效管理,更重要的是推动了科研合作的深度和广度。研究人员不再受制于地域和设备差异,可以更加方便地协同工作和分享信息,从而加速了科研项目的进程。数字时代的技术赋能让实验室管理更趋智能,提高了科学研究的效率和水平。

　　总体而言,实验室协作系统为实验室的科研工作提供了高效、智能的数字支持。本项目应用于福州大学计算机与大数据学院计算机科学与技术学术型/专业型硕士研究生课程"高级软件工程""软件体系结构"等,累计授课超过 500 人次,取得了优秀的教学效果。

第 7 章

数据采集器项目[①]

随着信息技术的高速发展,互联网已经成为人们获取信息和资源的主要来源。如今,我们正处于大数据时代,网络信息呈现爆炸式增长。现有的数据采集速度已经无法满足实际应用的需求。数据采集器采集的页面数量非常庞大,系统的性能将会影响到其是否能迅速有效地采集到高质量的网页。

鉴于上述市场背景,本项目设计了一个信息采集系统,旨在帮助用户高效获取海量资源。该系统能够进行大规模的网络数据采集,为用户提供便捷的数据搜索和获取途径。在完成数据采集后,还可以运用各种数据挖掘技术对数据进行加工和处理,以充分挖掘用户需要的信息。这一系统极大地降低了用户查找目标信息的成本,提供了更智能和便捷的数据采集服务。

7.1 相关背景

为了满足用户高效率获取信息和资源的需求,本项目的研究重点在于实现高效的网络数据采集,包括文本信息、图片和其他类型的文件资源。信息采集系统(爬虫)是搜索引擎的基础组成部分。根据 Ricardo 的报告,即使是大型的信息采集系统,其对 Web 的覆盖率也只有 30%~40%。目前存在两种主要解决方法:一是提升信息采集器的硬件性能,采用处理运算能力更强的计算机系统,然而,这种方法的扩展性有限且成本较高;二是采用分布式方法来提高系统并行能力,但这会增加系统的开销和设计的复杂性,同时系统的效率也随着并行采集器数目的增加而显著减小。目前,多数大型采集系统都采用了并行机制,但改善效果仍远不能满足人们的需求。

---

① 本案例由陈远、叶怡新、陈双和廖桂才(来自福州大学 2014 级软件工程专业)提供。

经过多年的发展,搜索引擎的功能日益强大,更贴近人们的需求。在搜索引擎的演进过程中,第一代搜索引擎主要依靠人工分拣的分类目录,以搜狐和 Yahoo 为标志;第二代搜索引擎则依靠机器抓取,建立在超链分析基础上,以 Google 和百度为代表,其信息量大、更新及时,但返回无关信息过多。搜索引擎营销公司 iProspect 的研究显示,超过 81% 的使用者会在看完前三页之前就停止阅读搜索结果。人们对搜索的"海量"需求已逐步向"精准"转变。此外,多数用户很难通过一两个词精确描述所查内容,即使对同一个词,用户也会有不同的需求。随着 Web 信息量的急剧增加,由于存在界面不够友好、响应时间长、死链接过多、结果中重复信息及不相关信息过多等问题,难以满足人们的信息需求,搜索引擎将向智能化、个性化、精确化、专业化、交叉语言检索、多媒体检索等适应不同用户需求的方向发展。从第一代搜索引擎到第二代搜索引擎是一个质变,由人工转向计算机;第二代到第三代搜索引擎是一个量变,它是检索技术的提升;第三代到第四代的发展方向是人机结合,第四代搜索引擎的特征是主题搜索引擎。

对于网络爬虫,简单来说,它是一种从互联网中抓取网页并进行网页分析、超链接提取以及关键内容提取的工具。然而,传统的单机网络爬虫在面对如今互联网中庞大的数据量时已经显得力不从心。因此,开发人员努力提高网络爬虫的抓取效率,研究网络爬虫的主要意义主要有以下三点。

第一,网络爬虫负责从互联网中抓取、去重和评估站点,并将数据提供给检索端供用户查询。鉴于互联网上站点分散且数量巨大,网络爬虫需要具备全面性,尽可能广泛地覆盖网络。为了提高系统性能,分布式计算技术被广泛应用于网络爬虫系统。

第二,搜索引擎不仅提供给用户信息检索,还用于产品推广。因此,网络爬虫需要在及时性和服务器资源占用之间找到一个平衡点。一个优秀的网络爬虫工具需要解决这一平衡问题,确保及时抓取的同时不过度消耗服务器资源。

第三,搜索引擎的质量取决于其相关性以及提供的网页快照等功能。为了实现这些功能,搜索引擎需要大量且精确的页面数据。而这些页面数据的提取则是网络爬虫的任务之一。因此,一个优秀的网络爬虫需要具备完善的信息提取机制。

总的来说,一个高效的网络爬虫应当具备全面覆盖、快速更新、优异的存储机制、良好的压力控制和高效的数据提取机制,从而提升搜索引擎的质量和性能。

综上所述,本项目的目标是开发一个高性能的数据采集器,其能够快速、高效地从互联网获取大量资源。这样的数据采集器不仅可以为搜索引擎提供数据基础和预处理,还可以作为数据挖掘的重要数据源,发掘用户需求的数据。因此,实现该项目具有重要的理论价值和实践意义,有助于提升搜索引擎的质量和用户体验。

7.2 需求分析

7.2.1 用例图

如图 7-1 所示为系统用例图,它描述了系统的功能和用户之间的交互。在这个用例图中,主要包括数据采集、数据分析、数据存储和数据查询几个主要部分。下面根据用例图对这几部分进行详细介绍。

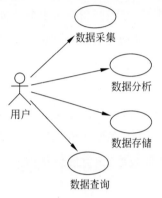

图 7-1　系统用例图

数据采集:这个部分描述了用户如何通过系统来进行数据的采集。用户可以通过系统提供的接口或者工具来从网络上获取数据,例如抓取网页、获取 API 接口数据等。

数据分析:这个部分说明了用户如何利用系统对采集到的数据进行分析。用户可以使用系统提供的分析工具或者算法来处理数据,例如统计分析、机器学习、文本挖掘等。

数据存储:这个部分描述了系统如何存储采集到的数据。系统可能会采用不同的存储方式,例如关系型数据库、分布式文件系统、NoSQL 数据库等,以满足用户的需求。

数据查询:这个部分说明了用户如何通过系统来查询已经存储的数据。用户可以使用系统提供的查询接口或者工具来检索和获取需要的数据,以支持他们的业务需求。

如图 7-2 所示为数据采集用例图,数据采集用例图描述了用户如何配置和执行数据采集的过程。主要包括两部分:配置采集参数和执行采集。下面详细介绍数据采集用例图。

配置采集参数:用户可以通过系统提供的界面或者工具来配置数据采集的参数,以满足其具体需求。配置采集参数包括以下几方面:首先是配置 URL 路径,用户可以指定要采集的网页或者 API 的 URL 路径,以确定数据来源。接着是配置采集深度,用户可以设置数据采集的深度,即系统需要遍历的页面层级。这可以帮助用户控制数据采集的范围。其次是配置采集频率,用户可以设置数据采集的频率,即系统执行数据采集的时间间隔。这可以帮助用户控制数据采集的速度和频率。还可以设置起始 URL,用户可以指定数据采集的起始 URL,以确定数据采集的起点。最后是设置数据存储文件夹,用户可以指定数据采集后数据存储的文件夹路径,以确保数据可以被正确保存和管理。

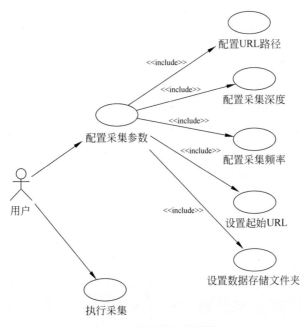

图 7-2 数据采集用例图

执行采集：用户在配置好采集参数之后，可以通过系统提供的执行接口或者按钮来启动数据采集过程。系统将根据用户配置的参数开始执行数据采集任务，并将采集到的数据保存到指定的存储文件夹中。

如图 7-3 所示为数据查询用例图，数据查询用例图描述了用户在系统中执行数据查询的过程。主要包括两个步骤：选择查询关键字和单击搜索。下面详细介绍数据查询用例图。

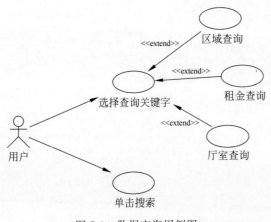

图 7-3 数据查询用例图

　　选择查询关键字：用户可以从系统提供的关键字列表中选择一个或多个关键字，以确定感兴趣的查询内容。用户在进行数据查询时，可以根据需要选择不同的查询关键字。其中，区域查询允许用户选择特定的地区以获取相关信息，租金查询则提供了与租金相关的信息检索功能，而厅室查询则允许用户根据房屋厅室结构来获取相关信息。这些子功能扩展了选择查询关键字的可能性，使用户可以根据实际需求灵活地选择一个或多个关键字进行查询。

　　单击搜索：用户在选择完查询关键字后，通过系统提供的搜索按钮或者接口来触发查询操作。系统将根据用户选择的关键字执行相应的查询，并将查询结果返回给用户。

7.2.2　原型图

　　下面以数据查询界面为例介绍本项目的原型图设计。

　　如图 7-4 所示，展示的是福州租房信息查询的界面。本项目的核心目的是方便用户从海量信息中迅速查询到需要的信息，因此整个界面的设计遵循突出关键、简洁明了的理念。界面中涵盖了租房所需的区域、租金和厅室等条件筛选功能。用户可以选择自己感兴趣的关键字进行查询。用户选择完自己要查询的关键词后，单击搜索按钮，系统根据用户的查询关键字从分布式数据库 HBase 中获得相应的数据，并返回给系统，系统前台将查询结果展示给用户。

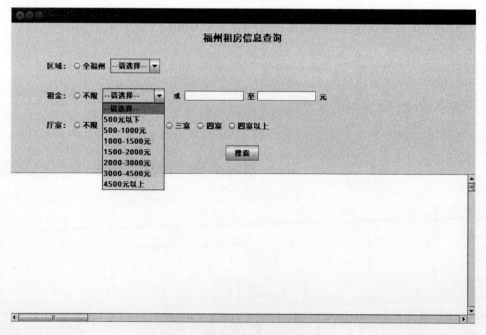

图 7-4　福州租房信息查询界面

7.3 系统设计

7.3.1 体系结构设计

本项目在开发过程中采用的语言是 Java。Java 是一种可以撰写跨平台应用软件的面向对象的程序设计语言,是由 Sun Microsystems 公司于 1995 年 5 月推出的 Java 程序设计语言和 Java 平台(JavaEE、JavaME、JavaSE)的总称。Java 自面世后就非常流行,发展迅速,对 C++ 语言形成了有力冲击。Java 技术具有卓越的通用性、高效性、平台移植性和安全性,广泛应用于 PC、数据中心、游戏控制台、科学超级计算机、移动电话和互联网,同时拥有全球最大的开发者专业社群。在全球云计算和移动互联网的产业环境下,Java 更具备了显著优势和广阔前景。

本项目采用 RDF 来描述网络资源的元数据。RDF(Resource Description Framework,资源描述框架)是 W3C 组织于 2004 年 2 月 10 日发布的一个推荐标准。RDF 数据模型是由一系列的三元组<主语,谓语,宾语>即(S,P,O)组成的图模型。

采用 Hadoop 来处理和分析这些大规模数据。Hadoop 是 Apache 旗下的一个开源分布式计算平台。以 Hadoop 分布式文件系统(Hadoop Distributed File System,HDFS)和 MapReduce(Google MapReduce 的开源实现)为核心的 Hadoop 为用户提供了系统底层细节透明的分布式基础架构。HDFS 具有高容错性、高伸缩性等特征,用户在低廉的硬件环境上就可以部署 Hadoop,搭建分布式系统。Hadoop 已成为 Apache 的顶级项目,包含 HDFS、MapReduce 子项目,与 Pig、ZooKeeper、Hive、HBase 等项目相关的大型应用工程。HBase 是 Hadoop 项目的子项目,它是一个面向列的分布式的开源数据库。HBase 具有与 Bigtable 相似的结构化数据分布式存储系统能力,适用于结构化数据的存储。

7.3.2 功能介绍

本项目中,设计这个系统的主要目的是高效地从互联网上获取海量资源。这些资源包括网页文本信息、图片以及其他类型的文件资源。我们主要实现了该系统的登录、数据采集、下载实时统计、从配置文件中读取数据、修改配置文件数据、搜索 URL 等功能。数据采集器的功能架构如图 7-5 所示。

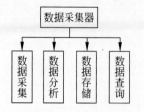

图 7-5 数据采集器的功能架构

1．登录模块

用户登录界面是系统的入口。用户需要提供正确的用户名和密码才能成功登录。系统会验证用户输入的凭据，并在连续输入错误的用户名或密码超过三次时，自动退出系统，以确保安全性。

2．数据采集

数据采集功能是该系统的一个关键功能之一，主要分为 URL 采集和图片采集两种，具体功能描述如下。

（1）URL 采集。

数据采集的一个关键部分是从网页中获取 URL，从而进一步抓取页面内容。系统从一个初始网页的 URL 开始，逐步抓取页面上的 URL，并将其放入队列中。这个过程会持续进行，直到系统设定的停止条件满足为止。

（2）图片采集。

除了 URL，系统还会抓取页面上的图片。同样，从一个初始网页的 URL 开始，系统会提取页面上的图片，并将其放入队列中。这个过程也会持续进行，直到系统设定的停止条件满足为止。

3．数据采集控制

数据采集控制模块旨在为用户提供对数据采集过程的有效管理和控制，以确保数据采集的顺利进行和高效完成。数据采集控制主要分为三部分：暂停和结束操作、实时统计下载情况与用户交互界面，具体的功能描述如下。

（1）暂停和结束操作。

用户在进行数据采集时，可以随时单击界面上的暂停按钮，暂停当前的 URL 和图片遍历操作。暂停后，系统会暂停下载并保持当前状态，等待用户进一步操作。用户可以单击界面上的结束按钮以结束当前的数据采集操作。结束操作会终止当前的 URL 和图片遍历，关闭相关的网络连接，并将采集到的数据进行整理和保存。

（2）实时统计下载情况。

系统会实时统计数据采集过程中下载成功的数量、下载失败的数量以及总的下载数量，以便用户了解采集的进度和效率。这些统计数据将以图表的形式呈现在界面上，让用户一目了然。系统还会实时监控数据采集的下载速度,以便用户评估采集任务的执行效率。同时,系统会记录每次数据采集操作的开始时间和结束时间,并计算出采集所花费的总时间。这些时间数据将用于评估采集任务的执行效率和性能。

（3）用户交互界面。

在数据采集过程中,系统会实时更新用户界面,反映当前的数据采集状态和进度。用户可以通过界面上的信息了解采集的情况,及时进行操作和调整。

4．配置管理

配置管理模块旨在提供对系统配置参数的灵活管理和定制,以满足用户在数据采集过程中的不同需求和场景。主要分为修改配置文件数据、读取配置文件数据两部分。具体的功能描述如下。

（1）修改配置文件数据。

用户可以通过进入配置参数编辑界面,对系统的各项配置参数进行修改和调整。在本模块中,用户可以轻松地找到并修改最大线程数、下载超时时间、下载网页保存路径、下载图片保存路径等关键参数。在用户提交修改后,系统会对修改的参数进行验证,确保修改的参数符合系统的规范和要求。如果发现不合规的修改,系统会给出相应的提示和警告,让用户及时调整和修改。用户完成参数的修改后,可以选择保存修改并应用到系统中。系统会即时应用新的参数配置,并在后续的数据采集过程中生效,以确保采集任务按照用户设定的参数进行执行。

（2）读取配置文件数据。

软件的辅助数据保存在配置文件中,系统启动时会自动读取配置文件中的参数数据,并应用到系统中。这些参数包括最大线程数、下载超时时间、下载网页保存路径、下载图片保存路径等关键参数。在系统运行过程中,如果用户修改了配置文件中的参数,系统会及时更新这些参数,以确保用户的配置修改能够及时生效并影响到系统的运行状态。这样,用户可以在系统运行中动态调整参数,以适应不同的采集需求和环境变化。

5．URL 搜索功能

URL 搜索功能旨在让用户能够根据关键字快速查找已下载网页文件中包含该关键字的 URL,并且能够通过选中 URL 直接查看对应网页的内容,为用户提供便捷的信息检索和浏览体验。主要分为关键字搜索、搜索结果展示和内容预览与打开三部分。具体功能描述如下。

（1）关键字搜索。

用户在系统界面上的搜索框中输入关键字后，可以通过单击"搜索"按钮或按 Enter 键来触发搜索操作。系统会即时响应用户的操作，开始进行关键字的匹配和搜索。

（2）搜索结果展示。

系统会在搜索完成后，将匹配到的 URL 以列表形式展示给用户。每个 URL 都会显示其对应的标题或描述信息，让用户能够快速浏览和筛选搜索结果。用户可以根据自己的需求对搜索结果进行排序，例如按照相关性、时间等进行排序。这样可以让用户更方便地找到自己需要的 URL。

（3）内容预览与打开。

用户可以通过鼠标悬停或单击链接来预览 URL 对应的网页内容摘要，系统会在鼠标悬停或单击后弹出内容预览窗口，让用户能够快速了解该网页的主要内容。用户也可以选择单击 URL 链接，直接在浏览器中打开对应的网页内容。系统会自动调用默认的浏览器并打开选中 URL 的网页，让用户能够全面查看该网页的内容和详情。

6. 数据存储与处理

数据存储与处理模块是项目中的关键部分，主要负责将采集到的数据进行有效的存储和处理，以便后续的分析和应用。主要分为四部分：数据存储方案设计、数据处理流程优化、数据质量保证和分布式查询支持。具体功能描述如下。

（1）数据存储方案设计。

项目初步决定采用 RDF（Resource Description Framework）数据格式来存储采集到的数据。RDF 是一种用于描述网络资源的语义化数据格式，具有良好的可扩展性和语义表达能力，适合存储具有复杂关联关系的数据。存储方案选择了 HBase 作为底层存储引擎。HBase 是一个分布式、可伸缩、面向列的数据库，具有高性能、高可用性的特点，适合处理大规模数据。

（2）数据处理流程优化。

为了提高数据处理的效率，项目采用批量处理的机制来处理采集到的数据。通过批量提交任务和并行处理数据，能够显著提升数据处理的速度和吞吐量。数据处理过程采用 MapReduce 编程模型，将数据处理任务划分为 Map 和 Reduce 两个阶段，实现分布式、并行化的数据处理。通过合理设计 Map 和 Reduce 函数，能够高效地完成数据的清洗、转换和聚合等操作。

（3）数据质量保证。

在数据存储之前，需要对采集到的数据进行清洗和去重处理，去除重复、不完整或错误的数据,保证数据的质量和准确性。针对数据处理过程中可能出现的异常情况,项目设计了相应的异常处理机制,及时捕获和处理异常,保证数据处理的稳定性和可靠性。

（4）分布式查询支持。

基于存储方案和数据处理流程,项目支持在 Hadoop 平台上实现分布式快速查询。用户可以根据自己的需求,通过输入关键字来查询分布式数据库中的数据,获取所需的信息。为了提高查询效率和响应速度,项目对查询过程进行了优化。通过索引设计、查询优化算法和并行查询处理等方式,实现快速、高效的数据检索和查询服务。

7.3.3　数据库设计

一个存储设计方案的优劣直接影响着系统的查询响应性能。RDF 数据为稀疏数据类型,HBase 具备分布式和列存储特性,可满足 RDF 数据的存储需求。此外,HBase 提供了基于 Row key 的索引功能,已知 Row Key 的情况下可快速定位到该行并获得相应的值,实现海量 RDF 存储和查询性能都会比较理想。因此,本系统利用分布式数据模型 HBase 作为存储媒介。

（1）HBase 数据的概念如表 7-1 所示。

表 7-1　HBase 数据的概念

Row Key	Time Stamp	Column Family：cl		Column Family：c2	
		列	值	列	值
r1	t7	c1：1	value1-1/1		
	t6	c1：2	value1-1/2		
	t5	c1：3	value1-1/3		
	t4			c2：1	value1-2/1
	t3			c2：2	value1-2/2
r2	t2	cl：1	value2-1/1		
	t1			c2：1	value2-1/1

Row Key：HBase 表的主键,表的记录按照 Row Key 排序。

Time Stamp：每次数据操作时对应的时间戳。HBase 提供版本管理,通过 Time Stamp 来标识版本号,最后添加的版本会首先遍历到。

Column Family：列簇,支持动态扩展,不需要预先定义 Column 的数量以及类型。在水平方向由一个或多个 Column Family 组成,一个 Column Family 可由任意多个的 Column 组成,并且 Column Family 所有的 Column 均以二进制格式存储,所以用户需要自行进行类型转换。

（2）根据以上分析，我们对 HBase 数据存储模型有了一定了解。HBase 分布式和列存储的两个特性，能够满足本系统所采集到的非结构化数据的存储需求。

HBase 提供了基于 Row key 的索引功能，不需要额外创建索引。已知 Row Key 的情况下便可快速定位并获得相应的值，实现海量 RDF 存储和查询性能都会比较理想。若仅仅将 RDF 数据装载入一张表中，会造成表过于庞大，查询效率必定不高。在设计 RDF 存储方案时，根据 RDF 数据本身的特点，按照一定的规则对 RDF 数据分门别类，将大幅缩减查询的数据范围，加速系统查询响应。所以，本系统实现按谓语划分的存储模型。对所采集到的数据进行分析归类，为每个谓语设计 P_SO 和 P_OS 两张表。P_SO 表适用于主语已知的查询，P_OS 表适用于宾语已知的查询。以租房相关信息为例，表 7-2 为数据库表的解释说明，具体的 HBase 表结构设计，如表 7-3～表 7-18 所示。

表 7-2　数据库表的解释说明

缩写/术语	解　释	缩写/术语	解　释
Title_SO/Title_OS	租房标题信息表	Area_SO/Area_OS	租房面积信息表
Price_SO/Price _OS	租房信息价格表	Room_SO/Room_OS	租房厅室信息表
District_SO/District_OS	租房区域信息表	Type_SO/Type_OS	租房户型信息表
Address_SO/Address_OS	租房地址信息表	Decorate_SO/Decorate_OS	租房装修信息表

表 7-3　Title_SO 表

RowKey（主语）	Column Family（列簇）	
	TimeStamp（时间戳）	"O"
subject1	timestamp：timeStamp1："1"	title：object1："1"
subject 2	timestamp：timeStamp2："1"	title：object2："1"

表 7-4　Title_OS 表

RowKey（主语）	Column Family（列簇）	
	TimeStamp（时间戳）	"S"
object1	timestamp：timeStamp1："1"	title：subject："1"
object 2	timestamp：timeStamp2："1"	title：subject 2："1"

表 7-5　Price_SO 表

RowKey（主语）	Column Family（列簇）	
	TimeStamp（时间戳）	"O"
subject1	timestamp：timeStamp1："1"	price：object1："1"
subject 2	timestamp：timeStamp2："1"	price：object2："1"

表 7-6 Price _OS 表

RowKey （主语）	Column Family（列簇）	
	TimeStamp（时间戳）	"S"
object1	timestamp：timeStamp1："1"	price：subject："1"
object 2	timestamp：timeStamp2："1"	price：subject 2："1"

表 7-7 District_SO 表

RowKey （主语）	Column Family（列簇）	
	TimeStamp（时间戳）	"O"
subject1	timestamp：timeStamp1："1"	district：object1："1"
subject 2	timestamp：timeStamp2："1"	district：object2："1"

表 7-8 District _OS 表

RowKey （主语）	Column Family（列簇）	
	TimeStamp（时间戳）	"S"
object1	timestamp：timeStamp1："1"	district：subject："1"
object 2	timestamp：timeStamp2："1"	district：subject 2："1"

表 7-9 Address_SO 表

RowKey （主语）	Column Family（列簇）	
	TimeStamp（时间戳）	"O"
subject1	timestamp：timeStamp1："1"	address object1："1"
subject 2	timestamp：timeStamp2："1"	address：object2："1"

表 7-10 Address _OS 表

RowKey （主语）	Column Family（列簇）	
	TimeStamp（时间戳）	"S"
object1	timestamp：timeStamp1："1"	address：subject："1"
object 2	timestamp：timeStamp2："1"	address：subject 2："1"

表 7-11 Area_SO 表

RowKey （主语）	Column Family（列簇）	
	TimeStamp（时间戳）	"O"
subject1	timestamp：timeStamp1："1"	area：object1："1"
subject 2	timestamp：timeStamp2："1"	area：object2："1"

表 7-12   Area _OS 表

RowKey（主语）	Column Family（列簇）	
	TimeStamp（时间戳）	"S"
object1	timestamp：timeStamp1："1"	area：subject："1"
object 2	timestamp：timeStamp2："1"	area：subject 2："1"

表 7-13   Room_SO 表

RowKey（主语）	Column Family（列簇）	
	TimeStamp（时间戳）	"O"
subject1	timestamp：timeStamp1："1"	room：object1："1"
subject 2	timestamp：timeStamp2："1"	room：object2："1"

表 7-14   Room _OS 表

RowKey（主语）	Column Family（列簇）	
	TimeStamp（时间戳）	"S"
object1	timestamp：timeStamp1："1"	room：subject："1"
object 2	timestamp：timeStamp2："1"	room ：subject 2："1"

表 7-15   Type_SO 表

RowKey（主语）	Column Family（列簇）	
	TimeStamp（时间戳）	"O"
subject1	timestamp：timeStamp1："1"	type：object1："1"
subject 2	timestamp：timeStamp2："1"	type：object2："1"

表 7-16   Type _OS 表

RowKey（主语）	Column Family（列簇）	
	TimeStamp（时间戳）	"S"
object1	timestamp：timeStamp1："1"	type：subject1："1"
object 2	timestamp：timeStamp2："1"	type：subject2："1"

表 7-17   Decorate_SO 表

RowKey（主语）	Column Family（列簇）	
	TimeStamp（时间戳）	"O"
subject1	timestamp：timeStamp1："1"	decorate ：object1："1"
subject 2	timestamp：timeStamp2："1"	decorate：object2："1"

表 7-18 **Decorate _OS 表**

RowKey（主语）	Column Family（列簇）	
	TimeStamp（时间戳）	"S"
object1	timestamp：timeStamp1："1"	decorate：subject1："1"
object 2	timestamp：timeStamp2："1"	decorate：subject 2："1"

7.3.4　设计模式

在本项目中，重点功能主要集中在数据采集模块和数据查询模块。因此，我们将以这两个模块为例，详细展示和说明设计模式的应用。数据采集模块是整个系统的核心之一，它负责从互联网上获取所需的信息和资源，并对其进行有效的整理和存储。这个模块的设计需要考虑到数据来源的多样性和规模庞大，因此我们采用了一系列灵活而高效的算法和技术来确保数据的准确性和完整性。数据查询模块则是用户与系统进行交互的重要接口，它需要提供快速、准确的查询结果，并且能够支持各种复杂的查询需求。因此，在设计这个模块时，我们注重系统的响应速度和查询效率，同时也考虑到了用户友好性和可定制性。通过深入研究和精心设计这两个关键模块，我们旨在确保系统的稳定性和可靠性，为用户提供优质的服务和体验。

1. 数据采集模块

这个模块主要是根据起始 URL 来采集格式良好的数据。首先根据配置界面中的参数（URL 路径、采集深度、采集频率、网页编码、允许 URL 规则、不允许 URL 规则和起始 URL）来设置对应的配置文件，然后选取对应的配置文件进行系统参数配置，并保存格式良好的网页数据。

单例模式是一种常用的软件设计模式。在它的核心结构中只包含一个被称为单例类的特殊类。通过单例模式可以保证系统中一个类只有一个实例而且该实例易于外界访问，从而方便对实例个数的控制并节约系统资源。本项目在数据分布式采集模块设计了以下单例模式，设计类图如图 7-6 所示。

适配器模式将一个类的接口适配成用户所期待的。一个适配器通常允许因为接口不兼容而不能在一起工作的类工作在一起，做法是将类自己的接口包裹在一个已存在的类中。本项目在数据采集模块中设计了适配器模式，设计类图如图 7-7 所示。

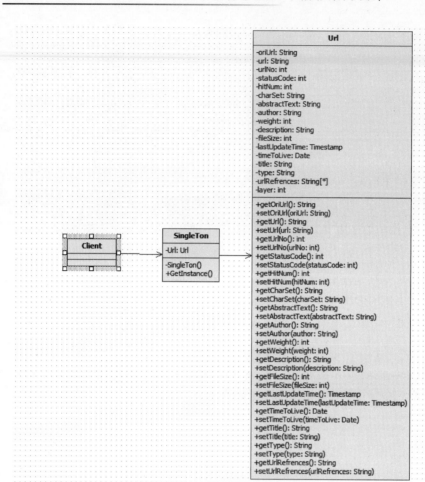

图 7-6 单例模式类图

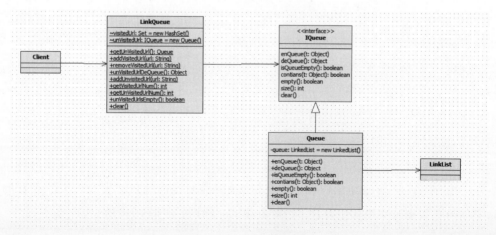

图 7-7 适配器模式类图

2. 数据查询模块

数据查询模块主要是查询用户自己感兴趣的信息。通过该模块,用户可以在登录系统后,选择自己感兴趣的关键字进行查询。系统提供三种查询方式:按区域、按租金、按厅室。用户选择完自己要查询的关键词后,单击"查询"按钮。系统根据用户的查询关键字从分布式数据库 HBase 中获得相应的数据,并返回给系统。系统前台将查询结果展示给用户。

设计模式主要涵盖了组合模式、策略模式和门面模式。在系统的查询页面中,我们采用了组合模式。具体地说,查询页面包含一个面板(JPanel),该面板内部包含了标签(JLabel)、按钮(Button)和文本框(JTextField),同时也可以包含其他面板(JPanel)。这种设计遵循了组合模式的设计思想,使得系统的组件可以灵活组合在一起。组合模式类图如图 7-8 所示。

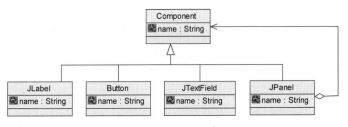

图 7-8　组合模式类图

本系统提供多种不同的查询策略,按区域查询,按房租查询,按厅室查询,以及区域、房租和厅室两两结合或三者结合起来查询。因此,结合策略模式和组合模式,设计实现查询模块,其具体策略模式类图如图 7-9 所示。

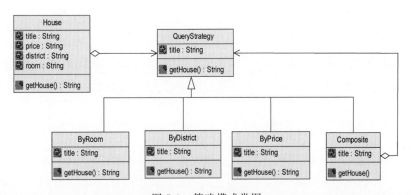

图 7-9　策略模式类图

查询流程包括:根据用户选择的关键词确定查询策略,将查询结果保存到 HDFS 文件系统中,将查询结果展示给用户。将三个业务封装到不同的类中。用户通过 Main 类这个系统门户页面,根据自己感兴趣的关键字进行查询。满足 Façade 模式的设计思想,其具体门面模式类图如图 7-10 所示。

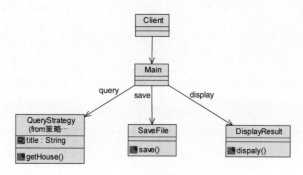

图 7-10 门面模式类图

7.3.5 运行设计

(1) 时间特性要求。

本软件要求实时反应。以下是对本软件时间特性的说明。

响应时间:用户的 PC 在没有非常繁忙的时候(CPU 使用率在 80% 以上),本软件对用户做出的操作都会在 5 秒内做出响应。

数据传输转换:数据发生传输转换主要发生在数据库收集分布式文件系统上采集得到的数据。

计算时间:本软件在网络数据采集过程中需要大量的时间。

(2) 灵活性。

当系统需要适应变化时,以下几方面是需要考虑的。

灵活的集群管理:系统应能够在需要时动态添加或删除分布式集群上的节点,以满足不同的配置需求。

自动化失效处理:Hadoop 分布式系统框架应具备自动处理节点失效的能力,通过主节点重新启动另一个节点来维持系统的运行。

浏览器和操作系统的兼容性:系统应支持多种主流浏览器(如 Firefox、Chrome、Safari、Opera 等)和操作系统(如 Windows、Linux、macOS 等),以确保用户在不同平台上都能够正常访问系统。

相应地,当需求发生变化时,该软件应具备对这些变化的适应能力:第一,在操作方式上的变化方面,系统的操作相对简单,用户易于掌握。虽然系统前期已经进行了充分的需求分析和交互设计,但系统应能够根据实际需求做出一定的改变和扩充,具有良好的扩展性。第二,对于运行环境的变化,系统应能够较好地适应。第三,数据精度一般不会发生变化,系统应保持高精度和有效时限。最后,关于计划的变化或改进,系统将提供最新服务的功能。为此,系统将提供一个系统升级和扩展的接口,以保持其灵活性和可扩展性。

总的来说,系统需要具备灵活的集群管理、自动化失效处理以及跨平台的兼容性,以适应不断变化的需求和环境。

(3)健壮性。

一方面,全面考虑可能出现的异常情况,例如可能会出现的系统故障和产品故障问题,采取相应的措施避免出现异常,或者降低出现异常的概率以及制定处理异常的解决方案,以提高系统的容错能力;另一方面,还可能存在其他一些可能造成数据丢失的因素,如用户的错误操作、蓄意破坏、病毒攻击和自然界不可抗力等。因此,制定了一个良好的备份策略,定期对数据库进行备份以保护数据库。如果发生数据丢失或损坏的情况,可以从数据库备份中将数据库恢复到原来的状态。另外,数据库的设计充分考虑各种可能的需求,以方便在网页增加某些模块时不至于让数据库出现太多的冗余。

(4)安全性。

系统在数据库安全性和数据库结构设计方面设立了完整的保护机制,以确保数据的完整性和安全性不受损害。

7.3.6 出错处理措施

(1)硬件故障。

后台服务器发生故障会导致系统的数据丢失、数据不一致等后果。注意预防避免,定时进行数据库备份,且要注意硬件维护工作。

网络拥塞使得系统的响应时间长,无法进入页面,影响整体的功能。注意考虑网络因素,并提出正确的解决方案。

(2)软件故障。

用户并发数太多,使得系统反应慢,不能正常运行;系统自身存在的缺陷,造成系统错误。要注意及时进行后期的维护工作,减少错误。

除了上述两种问题,表7-19还总结了几种常见的故障及对应处理方法。

表 7-19　常见的故障及对应处理方法

故　　障	处 理 方 法	故　　障	处 理 方 法
服务器损坏	请维修人员进行维修	节点失效	Hadoop 机制能够自动处理
系统崩溃	重装系统		

7.4　小结

　　本项目主要实现了一个采集速度快、质量高的高性能数据采集器。数据采集完成后，不仅可以将采集到的数据作为搜索引擎的数据资源，还可以运用各种数据挖掘的技术对数据进行加工、处理，充分发掘用户需要的数据。此外，对所采集的大量数据进行批量分析与处理，以 RDF 文件格式存储采集到的数据，将 RDF 数据文件存储至分布式文件数据库 HBase，充分利用了分布式存储模型的灵活性和 HBase 自身提供的 Row Key 索引，有效地提高查询性能并尽可能地减少存储开销。本系统利用分布式数据库 HBase 作为媒介和 Hadoop 的 MapReduce 并行计算框架保证系统的查询性能。用户可以输入自己感兴趣的关键词进行有效地快速查询。

　　总的来说，该项目彰显了对海量数据采集、分析、优化的迫切需求和解决方案的重要性。通过采用 Java 开发语言、Hadoop 和 RDF 等，我们可以期待看到一个更为高效、准确的数据采集器在未来为用户带来更便捷、优质的资源检索体验，为互联网用户提供更全面、高效的数据搜索与分析。本案例应用于福州大学计算机与大数据学院电子信息专业学位硕士研究生课程"高级软件工程""软件体系结构"等，累计授课超过 500 人次，取得了优异的教学效果。

第 8 章 小说推荐系统项目[①]

　　如何在浩瀚的文学海洋中找到一本满意的小说是读者们常常遇到的问题之一。小说推荐系统的兴起为解决这一难题提供了新的可能性。通过分析用户的阅读历史、兴趣爱好以及行为模式,小说推荐系统能够精准地为每位用户量身定制,为他们推荐更有深度、更具个性化的文学作品。这不仅为读者提供了更多选择,也为作家和出版商提供了更多的曝光机会。

　　小说推荐系统项目将专注于结合先进的推荐技术,为广大读者带来一场数字时代的文学之旅。

8.1 相关背景

　　随着科技的迅速发展,数字化阅读已经成为人们获取文学作品的主要途径之一。读者们在虚拟书架上探寻着各类小说,然而,随之而来的问题是信息过载。互联网上涌现的海量小说使得读者在选择作品时感到无所适从,难以找到符合个人口味的作品。这为小说推荐系统提供了广阔的应用前景。通过深度学习、推荐算法等技术手段,小说推荐系统能够为读者提供个性化、智能化的阅读推荐,为数字化阅读时代注入新的活力。

　　个性化推荐技术在互联网领域取得了显著的成功,例如购物网站的商品推荐和音乐平台的歌曲推荐等。这些成功经验启发了文学领域的创新尝试,推动了小说推荐系统的兴起。个性化推荐系统通过分析用户的阅读历史、喜好标签、阅读时长等多维度数据,构建用户画像,从而为每位用户推荐符合其口味的小说。这种精准的推荐不仅提高了用户的满意度,还有助于拓展用户的阅读兴趣,发现更多优质作品。

---

　　①　本案例由张思锐、陈辰民、林云龙和郑瀚(来自福州大学 2022 级计算机软件与理论专业和软件工程专业)提供。

综合而言,小说推荐系统作为文学领域的创新工具,将为读者提供更为智能、个性化的阅读体验,同时为作家和整个文学产业注入新的动力。

8.2 需求分析

8.2.1 用例图

下面介绍本项目用户功能的用例图(图 8-1)。

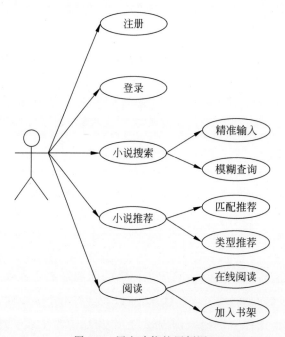

图 8-1 用户功能的用例图

(1) 参与者:用户。

(2) 用例。

① 注册:用户使用手机号进行注册。

② 登录:用户使用用户名及密码或者手机号及验证码登录。

③ 小说搜索:系统通过精准输入或模糊查询方式来搜索用户输入的小说。

④ 小说推荐:系统通过类型推荐或词袋匹配推荐为用户推荐小说。

⑤ 阅读：用户可以在线阅读小说。用户需要休息时，可以将感兴趣的小说加入书架，以便下次阅读。

8.2.2　原型图

下面以小说推荐界面和小说详情界面为例介绍本项目的原型图设计。

如图 8-2 所示，小说推荐界面主要由以下几个组件构成：搜索栏位于界面顶部，用于通过小说名、作者名和关键字来搜索小说。主菜单栏位于搜索栏下方，提供了导航到不同界面的选项（包括"首页"、"全部作品"、"排行榜"、"充值"和"作者专区"选项），以帮助用户轻松浏览内容。小说推荐组件占据界面中心，展示了系统根据用户兴趣和阅读历史为其个性化推荐的小说列表。"本周强推"列表位于小说推荐的右侧，显示了小说的基本信息，包括名称、简介，以便用户在短时间内了解小说的关键信息。"热门推荐"组件位于小说推荐组件的下方，展示了当前热门的小说作品，吸引用户的注意。"点击榜单"列表位于界面右下方，显示了小说的基本信息，包括名称、简介。

图 8-2　小说推荐界面

如图 8-3 所示的小说详情界面与小说推荐界面采用相同的画面风格，以保持一致性，主要由以下几个组件构成：搜索栏位于页面顶部，用于通过小说名、作者名和关键字来搜索小说。主菜单栏位于搜索栏下方，为用户提供了便捷的导航和互动选项，提升了用户的浏览体验。小说详情组件以小说的封面为背景,突出展示了小说,在其下方列出了小说的详细信息,包括名称、简介、目录等。

图 8-3　小说详情界面

8.3　系统设计

8.3.1　体系结构设计

小说推荐系统采用 Spring Boot 和 Vue 框架来实现前后端分离。其中 Spring Boot 作为后端框架负责处理业务逻辑和数据存储,而 Vue 作为前端框架则负责创建用户界面,并通过应用程序接口(API)与后端进行通信,实现数据交换和用户操作处理。这种分离的架构使得前后端团队能够独立开发和部署各自的代码,从而提高开发效率和代码复用性。

除此之外,本系统还使用了以下技术:Spring Security、Redis、Elasticsearch、RabbitMQ、Aliyun OSS 和 FastDFS 等。其中,Spring Security 是一个功能强大的身份验证和访问控制框架,用于保护 Spring 应用程序的安全性。Redis 是一个高性能的开源键值对存储系统,具有内存缓存和持久化存储的功能,常被用于数据缓存、消息队列和分布式会话管理等场景。Elasticsearch 是一个分布式的全文搜索和分析引擎,用于快速、可扩展地存储、搜索和分析大规模数据,适用于多种应用场景。RabbitMQ 是一个可靠、灵活的开源消息队列系统,用于在应用程序之间进行可靠的异步消息传递和解耦,支持多种消息协议和模式。Aliyun

OSS(Object Storage Service)是阿里云提供的可扩展、安全可靠的对象存储服务,适用于存储和管理海量的非结构化数据,如图片、视频、文档等。FastDFS 是一个开源的分布式文件存储系统,旨在提供高性能、高可靠性和可扩展的文件存储解决方案,适用于大规模文件的分布式存储和传输。

8.3.2　功能介绍

小说推荐系统主要有四大功能,分别为用户功能、搜索功能、推荐功能和阅读功能。功能架构如图 8-4 所示。

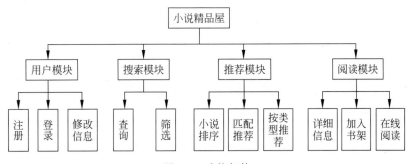

图 8-4　功能架构

根据功能架构图,介绍本项目的核心功能。

(1) 用户。

用户可以通过以下两种方式登录本系统:

① 验证码登录:用户可以使用手机号和验证码登录。

② 密码登录:用户可以使用用户名和密码进行登录。

(2) 搜索。

小说搜索是本系统的核心功能,旨在为用户提供方便快捷的小说搜索体验。该功能分为查询和筛选两种方式:小说查询是指用户通过输入具体的小说名、作者名或关键字进行精准搜索,以快速找到所需小说。小说筛选是指用户可以根据个人偏好和需求,通过控制一些与小说相关的选项进行模糊搜索,以便更好地匹配符合自己口味的小说。

(3) 推荐。

小说推荐是本系统的核心功能,旨在为用户提供个性化的小说推荐。该功能包括小说排序、匹配推荐和按类型推荐这三个子功能。小说排序是指通过算法基于热度、评分和阅读量等指标对小说进行排序,以确保将用户最可能感兴趣的小说展示在前面。匹配推荐是指根据用户的个人偏好、历史行为或兴趣标签,系统通过分析用户的阅读记录、喜好和行为模式,从海量小说中筛选出与用户兴趣相关的内容,并将这些小说推荐给用户。按类型推荐是指根据用户对不同类型小说的喜好和偏好,系统从各种类型的小说中筛选出与用户喜欢的类型相匹配的作品,并将这些小说推荐给用户。

(4)阅读。

阅读功能是本系统的重要组成部分,其目的是为用户提供优质的阅读体验。用户可以查看小说的详细信息,包括小说的简介、作者信息、出版日期、评分、标签等相关信息。用户可以通过这些信息了解小说的基本情况,以便作出是否阅读的决策。加入书架功能允许用户将感兴趣的小说添加到自己的书架中,以便随时查看和管理。这样,用户可以方便地跟踪自己关注的小说的更新情况,快速访问已收藏的小说。

8.3.3 数据库设计

1. 实体关系分析

本项目根据系统功能需求设计了数据库逻辑结构,其由表 8-1 中的实体和属性构成。实体关系描述如下。

(1)用户:小说(n:n)。

关系描述:一名用户可以阅读多本小说,同时一本小说可以被多名用户阅读。

(2)用户:首页小说推荐(1:1)。

关系描述:一名用户只能拥有一个首页小说列表,同时一个首页小说列表只能对应一名用户。

(3)用户:小说评论(1:n)。

关系描述:一名用户可以发表多条小说评论,同时一条小说评论只能被一名用户发表。

(4)小说:小说评论(1:n)。

关系描述:一本小说可以拥有多条小说评论,同时一条小说评论只能对应一本小说。

表 8-1 实体-属性表

实　体	属　性
用户	用户 ID、昵称、用户头像、账户余额、用户状态等
小说	小说 ID、小说类别、小说名、小说作者名、小说描述小说状态、最新章节等
首页推荐小说列表	首页推荐小说列表 ID、推荐类型、小说 ID、用户 ID 等
小说评论	小说评论 ID、用户 ID、评论内容等

2．数据字典设计

本项目依照实体-属性表(表 8-1),设计了小说信息表、用户信息表等数据库表(表 8-2)。这些数据库表的具体设计如表 8-3～表 8-12 所示。

表 8-2　数据库表

缩写/术语	解　　释
home_book	首页小说推荐表
home_friend_link	友情链接表
book_category	小说类别表
book_info	小说信息表
book_chapter	小说章节表
book_content	小说内容表
book_comment	小说评论表
book_comment_reply	小说评论回复表
user_info	用户信息表
user_feedback	用户反馈表
user_read_history	用户阅读历史表
user_consume_log	用户消费记录表
user_pay_log	用户充值记录表
pay_alipay	支付宝支付表
pay_wechat	微信支付表
sys_user	系统用户表
sys_role	系统角色表
sys_user_role	用户角色表
sys_menu	系统菜单表
sys_role_menu	角色菜单表
sys_log	系统日志表

表 8-3　首页小说推荐表(home_book)

字　段　名	数据类型	长　　度	不能设置为空	是否为主键	备　　注
id	int	20	是	是	ID
type	int	255	是	否	推荐类型
sort	int	255	是	否	推荐排序
book_id	int	255	是	否	小说 ID
create_time	datetime	—	否	否	创建时间
update_time	datetime	—	否	否	更新时间

表 8-4　友情链接表（home_friend_link）

字　段　名	数 据 类 型	长　　度	不能设置为空	是否为主键	备　　注
id	int	20	是	是	链接 ID
link_name	varchar	50	是	否	链接名
link_url	varchar	100	是	否	链接 URL
sort	int	20	是	否	排序号
is_open	int	20	是	否	是否开启
create_time	datetime	—	否	否	创建时间
update_time	datetime	—	否	否	更新时间

表 8-5　小说类别表（book_category）

字　段　名	数 据 类 型	长　　度	不能设置为空	是否为主键	备　　注
id	int	20	是	是	小说类别 ID
work_direction	int	20	是	否	作品方向
name	varchar	20	是	否	类别名
sort	int	20	是	否	排序号
create_time	datetime	—	否	否	创建时间
update_time	datetime	—	否	否	更新时间

表 8-6　小说信息表（book_info）

字　段　名	数 据 类 型	长　　度	不能设置为空	是否为主键	备　　注
id	int	20	是	是	小说 ID
work_direction	int	20	是	否	作品方向
category_id	int	20	是	否	类别 ID
category_name	varchar	50	是	否	类别名
pic_url	varchar	200	是	否	小说封面地址
book_name	varchar	50	是	否	小说名
author_id	int	20	是	否	作家 ID
author_name	varchar	50	是	否	作者名
book_desc	varchar	2000	是	否	书籍描述
score	int	20	是	否	评分
book_status	int	20	是	否	书籍状态
visit_count	int	20	是	否	点击量
word_count	int	20	是	否	总字数
comment_count	int	20	是	否	评论数
last_chapter_id	int	20	否	否	最新章节 ID
last_chapter_name	varchar	50	否	否	最新章节名
last_chapter_update_time	datetime	—	否	否	最新章节更新时间
is_vip	int	20	是	否	是否收费
create_time	datetime	—	否	否	创建时间
update_time	datetime	—	是	否	更新时间

表 8-7 小说章节表(book_chapter)

字 段 名	数据类型	长 度	不能设置为空	是否为主键	备 注
id	int	20	是	是	章节 ID
book_id	int	20	是	否	小说 ID
chapter_num	int	20	是	否	章节号
chapter_name	varchar	100	是	否	章节名
word_count	int	20	是	否	章节字数
is_vip	int	20	是	否	是否收费
create_time	datetime	—	否	否	创建时间
update_time	datetime	—	否	否	更新时间

表 8-8 小说内容表(book_content)

字 段 名	数据类型	长 度	不能设置为空	是否为主键	备 注
id	int	20	是	是	小说 ID
chapter_id	int	20	是	否	章节 ID
content	text	—	是	否	小说章节内容
create_time	datetime	—	否	否	创建时间
update_time	datetime	—	否	否	更新时间

表 8-9 小说评论表(book_comment)

字 段 名	数据类型	长 度	不能设置为空	是否为主键	备 注
id	int	20	是	是	评论 ID
book_id	int	20	是	否	小说 ID
user_id	int	20	是	否	用户 ID
comment-content	varchar	512	是	否	评论内容
reply_count	int	20	是	否	回复数量
audit_status	int	20	是	否	审核状态
create_time	datetime	—	否	否	创建时间
update_time	datetime	—	否	否	更新时间

表 8-10 小说评论回复表(book_comment_reply)

字 段 名	数据类型	长 度	不能设置为空	是否为主键	备 注
id	int	20	是	是	评论回复 ID
comment_id	int	20	是	否	评论 ID
user_id	int	20	是	否	用户 ID
reply-content	varchar	512	是	否	回复内容
audit_status	int	20	是	否	审核状态
create_time	datetime	—	否	否	创建时间
update_time	datetime	—	否	否	更新时间

表 8-11　用户信息表（user_info）

字　段　名	数 据 类 型	长　　度	不能设置为空	是否为主键	备　　注
id	int	20	是	是	用户 ID
username	varchar	50	是	否	登录名
password	varchar	100	是	否	登录密码
nick_name	varchar	50	否	否	昵称
user_photo	varchar	100	否	否	用户头像
user_sex	int	20	否	否	用户性别
account_balance	int	20	否	否	账户余额
status	int	20	是	否	用户状态
create_time	datetime	—	是	否	创建时间
update_time	datetime	—	是	否	更新时间

表 8-12　用户反馈表（user_feedback）

字　段　名	数 据 类 型	长　　度	不能设置为空	是否为主键	备　　注
id	int	20	是	是	用户反馈 ID
user_id	int	20	是	是	用户 ID
content	varchar	512	是	否	反馈内容
create_time	datetime	—	是	否	创建时间
update_time	datetime	—	是	否	更新时间

3. 安全保密设计

本系统没有划分权限，因此只有一种访问者。

（1）用户未登录时无法直接进入小说推荐系统的个人信息界面。

（2）用户登录时，只有用户名和密码匹配成功才可成功进入小说推荐系统的个人信息界面。

（3）手机号在整个系统中保持唯一性。当用户注册时使用了已经被注册的手机号，系统会重新返回注册界面，并显示"该手机号已被注册，请使用其他手机号"的提示信息。

（4）若用户登录时忘记密码，则需输入注册时的手机号，并正确填写验证码，然后可以通过系统提供的密码重置功能重新设置新密码。

8.3.4　设计模式

1. 单例模式

单例模式类图如图 8-5 所示。本系统通过 XML 文件对用户的单例模式进行初始化：

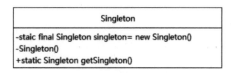

```
< bean id = "user" class = "com.guess.entity.User" scope = "singleton"/>
```

图 8-5　单例模式类图

2. 工厂模式

在 applicationContext. xml 文件中配置 SqlSession 作为 MyBatis 工作的接口。通过这个接口,可以获取数据库链接、执行 SQL 语句、获取 Mapper 对象以及管理事务。工厂模式类图如图 8-6 所示。

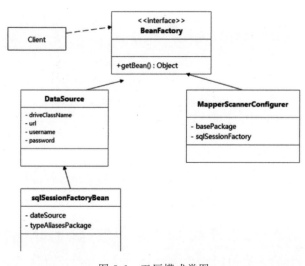

图 8-6　工厂模式类图

3. 代理模式

Spring 的面向切面编程(AOP)是基于动态代理的一种技术。它通过预编译方式和运行期动态代理方式实现程序功能的统一操作。AOP 能够过滤全部请求的全部方法,可以精细到任意层。

本系统通过 XML 文件设置动态代理:

```
< aop:aspectj – autoproxy proxy – target – class = "true"/>
< context:component – scan base – package = "com.guess.biz.impl.dao,com.gues.controller,com.
guess.intercreptor" />
```

动态代理在登录拦截中的应用是通过检查会话(session)获取用户实体。如果会话返回的用户实体非空,表示用户已经登录;反之,则提示用户未登录,并将其重定向至登录界面。代理模式类图如图 8-7 所示。

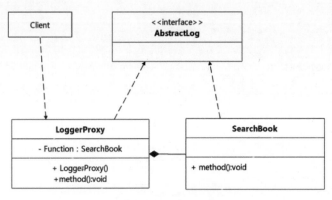

图 8-7　代理模式类图

4. 策略模式

本系统实现了多种小说排序策略,包括基于评分排序、基于销量排序以及根据输入字符串得到的最佳匹配结果排序。用户可以根据其中一个排序结果或综合考虑所有排序结果来选择小说,以满足不同的阅读偏好和需求。

如图 8-8 所示,排序算法被封装成几个 Util 类(ScoreSorting 类、SalesOrder 类和 inputString 类),这些类的实现细节对用户是透明的,用户可以直接使用它们提供的排序功能,而无须关心具体的实现细节。

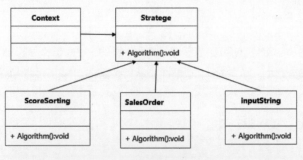

图 8-8　策略模式类图

5. 责任链模式

SSM 框架从数据库到前端主要包括了 DAO 层(数据访问层)、Service 层(服务层)、Controller 层(控制层)以及前端界面。每一层都完成特定的功能,并且在完成后向上一层或向下一层逐层传送消息,实现系统的完整流程。

在本系统中,责任链模式主要应用于以下 3 种场景。

(1) 用户登录与注册。

当用户在注册或登录页面输入个人信息时,请求首先由 DispatcherServlet 前置控制器接收并分发给不同的后端处理器。后端处理器中的处理器映射器将请求发送至具体的控制器,控制器将用户信息发送至服务层。服务层通过责任链模式调用 DAO 层,DAO 层再将用户信息发送至对应的 Mapper 中。最终,Mapper 中的 SQL 语句在数据库中查询对应的用户数据,并原路返回查询结果。

(2) 小说查询。

类似于用户登录与注册流程,小说查询也经过类似的流程,但由于涉及大量算法和模型嵌入,需要对原责任链进行调整以适应查询需求。

(3) 拦截器。

拦截器在系统中使用了责任链模式的概念,采用层级代理的形式形成一条责任链。例如,拦截器可以先限制字符编码格式为 UTF-8(如图 8-9 所示),再过滤 URL,最后过滤 Servlet 映射,保证系统的安全性和稳定性。

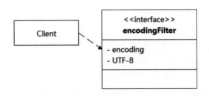

图 8-9 责任链模式类图

6. 适配器模式

在 SSM 框架中,Controller 的种类较多,不同种类的 Controller 通过不同方法处理请求。系统根据不同用户的状态(已登录和未登录),通过适配器转发用户请求至不同的控制器。适配器模式类图如图 8-10 所示。

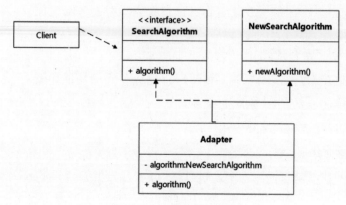

图 8-10　适配器模式类图

8.3.5　运行设计

1．运行模块组合

小说推荐系统是基于 Idea 和 PyCharm 开发的。在用户端，当有输入查询语句时，系统启动数据接收模块，读入数据，并通过网络传输模块将读入的数据传输到自然语言处理模块中。在自然语言处理模块中，系统提取输入的查询语句的关键字，并将其传递给三元组补全模块。在三元组补全模块中，系统寻找缺失的三元组，并匹配合适的实体来补全三元组。然后，系统调用数据传输模块，对数据进行处理，产生相应的输出。通过这一流程，系统能够实现用户输入查询语句后的信息处理和输出。

2．运行控制

首先，用户在登录页面进行登录，如果尚未注册，则会被引导到注册界面进行注册。接着，在搜索框中输入想要检索的目标，然后单击"搜索"按钮。最后，系统经过算法运算，将匹配到的结果返回给小说展示界面。

系统的运行严格按照各模块间的函数调用关系来进行控制。在各事务中心模块中，需要对运行控制进行正确的判断，以选择正确的运行控制路径。

3．运行时间

用户登录注册模块将占用少量数据库使用时间，而三元组补全模块将占用大量数据库使用时间。相比之下,用户登录注册模块将只占用少量数据传输时间,而返回结果的数据传输模块将占用大量数据传输时间。

8.3.6　测试分析

整个系统包含了以下几个模块:小说搜索模块、小说榜单模块、小说展示模块。其中,各大模块下还包括了多个子模块,在开发过程中需要对每个子模块进行测试与分析,由于模块过多,本节仅展示小说搜索模块的测试分析,如表 8-13 所示。

表 8-13　小说搜索功能测试表

测试用例的名称	小说搜索功能测试	
测试用例的目的	测试系统操作界面	
测试内容	基于模糊查询:由于无法定位精确书名,系统将根据词袋模型和相关算法匹配最相似的小说并推荐给用户	
测试用例的输入	期待的输出	实际的输出
在搜索框中输入"姜子牙"关键字	系统返回带有"姜子牙"关键词的书名或作者	一致

8.4　小结

小说推荐系统不仅为读者提供了更智能、便捷的阅读方式,也为文学产业的数字化转型注入了新的动力。通过数字平台的构建,优秀作品得以更广泛传播,作家和读者之间建立了更直接的连接,为文学交流和产业的健康发展奠定了坚实的基础。

本项目应用于福州大学计算机与大数据学院计算机科学与技术学术型/专业型硕士研究生课程"高级软件工程""软件体系结构"等,累计授课超过 500 人次,取得了优秀的教学效果。

第9章　研究生培养管理系统项目[①]

目前,随着高校研究生招生规模的不断扩大,高校的管理也成为备受关注的问题。传统的管理方式已经难以应对高校研究生规模的扩大。研究生学科分类繁多,教育部招生信息变化频繁,毕业前期论文发表工作繁重,学位授予流程阶段性强,上报数据任务烦琐,综合统计分析困难重重。因此,开发一套平台共享且业务流程高效的系统具有非常重要的意义。

9.1　相关背景

当下,随着高等教育的普及和发展,高校研究生规模不断扩大,管理工作面临着前所未有的挑战和压力。传统的管理方式已经难以满足大规模研究生管理的需求,各种管理模式的多样化也给管理工作带来了复杂性。与此同时,教育体制改革不断深化,管理工作的信息化、智能化要求也日益提高。

在这样的背景下,高校研究生管理面临着一系列问题和挑战。首先,研究生学科分类繁多,需要进行精细化管理;其次,教育部招生信息频繁变动,管理人员需要及时准确地掌握信息;此外,毕业前论文发表、学位授予等环节涉及的工作量巨大,管理工作周期性强,给管理人员带来了极大的压力;同时,统计数据的准确性和及时性对于管理工作的决策和评估至关重要,但传统的手工统计方式效率低下,容易出现错误。

为了解决这些问题,开发一套高效的研究生管理系统显得尤为迫切和重要。该系统应当具备规范化的管理流程,能够优化各项管理工作,减少人工操作,提高工作效率和数据准确性。此外,该系统还应当具备信息共享和智能化处理的能力,能够为各级管理人员提供及时、准确的数据支持,从而为高校研究生教育和管理工作提供更加有效的服务和支持。

---

① 本案例由郑翠春、高董英(来自福州大学数计学院 2013 级)提供。

9.2　需求分析

9.2.1　用例图

下面介绍本项目导师模块业务用例图,如图 9-1 所示。

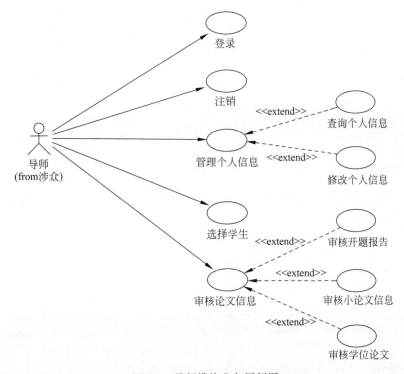

图 9-1　导师模块业务用例图

(1) 参与者:导师。

(2) 用例。

① 登录:用户通过正确输入用户名及密码或邮箱及验证码登录系统。

② 注销:用户在辞职后可以注销该账号。

③ 管理个人信息:用户可以管理个人的信息,包括查询与修改账户的个人信息。

④ 选择学生:用户可以在学生列表中选择该学生,成为该学生的导师。

⑤ 审核论文信息:导师需分别审核所属学生的开题报告、小论文信息和学位论文等。

9.2.2　原型图

下面以学生首页界面和开题报告提交界面为例介绍本项目的原型图设计。

学生登录到系统后可以进入学生首页,可以查看到系统的相关消息和系统模块的菜单栏。如图 9-2 所示,学生首页界面主要由以下几部分构成:主菜单栏位于界面的左侧,提供学生用户的全部功能,以帮助学生用户轻松找到每个功能。其中二级菜单栏藏于主菜单栏之中,单击即可出现,分级菜单栏使得整个界面更加简洁方便。右侧分别展示了消息、快捷操作、系统基本信息和使用帮助几部分,帮助用户快速获取关键信息。

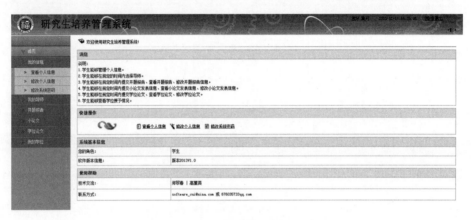

图 9-2　学生首页界面

如图 9-3 所示的开题报告提交界面与学生首页界面采用了相同的界面设计风格。主菜

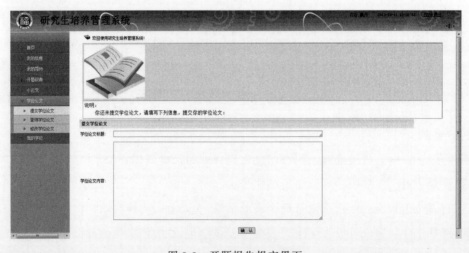

图 9-3　开题报告提交界面

单栏置于界面左侧,为用户提供了便捷的导航和互动选项。右侧是开题报告提交功能的主要部分,包括说明、开题报告标题和开题报告提交这几部分,界面整体清晰明了,重点突出。学生可以按照界面的指示填写所需提交的内容,填写完毕后即可单击"确认"按钮提交。

9.3 系统设计

9.3.1 体系结构设计

本项目采用基于平台无关性 J2EE 成熟技术架构实现,简化且规范应用系统的开发与部署,进而提高可移植性、安全性与再用价值,通过应用服务器的技术使系统具备高性能、低成本的特点。

使用的工具包括 Rose、MyEclipse、Xmind、MySQL、SQLyogEnt、Microsoft Office 2007。其中 Rose 用于绘制 UML 图,在需求分析和对业务理解阶段用用例图、业务分析图帮助理解。在设计阶段,用分析类图和设计类图来对系统进行分析设计。MyEclipse 用于项目系统的开发和编码工作。Xmind 主要用于绘制功能图,能够方便清晰地了解系统的功能。MySQL 用于对数据库进行设计,SQLyogEnt 主要用于管理数据库信息。Microsoft Office 2007 用于撰写文档和绘制相关流程图。

本项目涉及 JavaEE、JSP 技术,数据库采用 MySQL,前端采用 JavaScript 和 XML。JavaEE 技术是 J2EE 的一个新的名称,之所以改名,目的还是让大家清楚 J2EE 只是 Java 企业应用。JavaEE 是一套全然不同于传统应用开发的技术架构,包含许多组件,主要可简化且规范应用系统的开发与部署,进而提高可移植性、安全性与复用价值。JavaEE 的核心是 EJB 3.0,其提供了更加便捷的企业级的应用框架,包括 Struts、Spring、Hibernate 三大框架。

Struts 2 是 Struts 的下一代产品,是在 Struts 和 WebWork 的技术基础上进行了合并的全新的 Struts 2 框架。其全新的 Struts 2 的体系结构与 Struts 1 的体系结构的差别巨大。Struts 2 以 WebWork 为核心,采用拦截器的机制来处理用户的请求,这样的设计也使得业务逻辑控制器能够与 Servlet API 完全脱离,所以可以将 Struts 2 理解为 WebWork 的更新产品。Spring 是一个开源框架,是为了解决企业应用开发的复杂性而创建的。Spring 使用基本的 JavaBean 来完成以前只可能由 EJB 完成的事情,从简单性、可测试性和松耦合的角度而言,任何 Java 应用都可以从 Spring 中受益。Hibernate 是一个开放源代码的对象关系映射框架,它对 JDBC 进行了非常轻量级的对象封装,使得 Java 程序员可以随心所欲地使用对象编程思维来操纵数据库。Hibernate 可以应用在任何使用 JDBC 的场合,既可以在 Java 的客户端程序使用,也可以在 Servlet/JSP 的 Web 应用中使用。

JSP(Java Server Pages)是由 Sun Microsystems 公司倡导、许多公司参与一起建立的一种动态网页技术标准。JSP 技术类似 ASP 技术,它是在传统的网页 HTML 文件(＊.htm,＊.html)中插入 Java 程序段(Scriptlet)和 JSP 标记(tag),从而形成 JSP 文件(＊.jsp)。用 JSP 开发的 Web 应用是跨平台的,既能在 Linux 上运行,也能在其他操作系统上运行。

9.3.2　功能介绍

整个研究生培养管理系统根据用户类型提供了不同的入口和操作权限。该系统主要分为三大模块,包括学生模块、导师模块和管理员模块。下面根据图 9-4 所示的功能架构图,介绍该系统的核心功能。

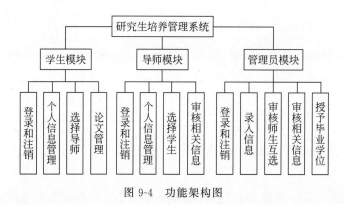

图 9-4　功能架构图

1. 学生模块

(1) 登录和注销:学生可以登录研究生培养管理系统进行相关功能的操作,也可以退出系统。

(2) 个人信息管理:学生可以查询和修改个人信息。

(3) 选择导师:学生可以根据自身的需求选择导师。

(4) 论文管理:学生可以查询和提交相关信息,具体包括提交论文开题报告、提交小论文发表信息、提交学位论文信息、查询论文审核结果、查询论文评阅结果、查询论文答辩相关信息、查询答辩结果和查询学位授予情况。

2．导师模块

（1）登录和注销：导师可以登录研究生培养管理系统进行相关功能的操作，也可以退出系统。

（2）个人信息管理：导师可以查询和修改个人信息。

（3）选择学生：导师可以根据学生的选择情况和对学生的相关要求选择学生。

（4）审核相关信息：导师可以审核开题报告、审核小论文的信息和审核学位论文。

3．管理员模块

（1）登录和注销：管理员可以登录研究生培养管理系统进行相关功能的操作，也可以退出系统。

（2）录入信息：管理员可以录入学生、导师、管理员、评阅专家、答辩委员的信息。

（3）审核师生互选：管理员可以根据学生选择导师的情况和导师选择学生的情况，对师生互选进行审核。

（4）审核相关信息：管理员可以审核开题报告、审核确认小论文、审核学位论文、分配专家、录入评阅结果、录入答辩信息和录入答辩结果。

（5）授予毕业学位：管理员可以根据学生的培养计划授予毕业学位。

9.3.3　数据库设计

1．实体关系分析

本项目根据系统功能需求，精心设计了数据库逻辑结构，其由表 9-1 中的实体和属性构成。实体关系描述如下。

表 9-1　实体-属性表

实　　体	属　　性
学生	姓名、性别、密码、学号、所属院系、指导老师、导师选择结果、是否被授予学位、开题报告审核是否提交、开题报告最终状态、小论文是否提交、小论文审核最终状态、学位论文是否提交、学位论文最终状态
导师	导师工号、导师姓名、职称、密码、研究方向、所在院系
管理员	工号、姓名、密码、所在部门
学位论文	作者编号、论文题目、评阅专家编号、论文编号、是否通过评阅、是否通过答辩、管理员审核状态、导师审核状态、学位论文路径、答辩地点

续表

实　体	属　性
开题报告	作者编号、开题报告题目、管理员审核状态、导师审核状态、开题报告 ID、路径
评阅专家	姓名、职称、研究方向、工作单位、导师类别、编号
小论文发表信息	作者编号、论文题目、论文所发期刊、管理员审核状态、导师审核状态、论文编号、路径

（1）学生：学位论文（1∶1）。

关系描述：一名学生只能发表一篇学位论文，同时一篇学位论文对应一名学生。

（2）学生：小论文发表信息（1∶n）。

关系描述：一名学生可以发表多篇小论文，同时，一篇小论文只能被一名学生发表。

（3）学生：开题报告（1∶1）。

关系描述：一名学生只能提交一篇开题报告，同时一篇开题报告只能由一名学生提交。

（4）学生：导师（n∶1）。

关系描述：一名学生只能对应一名导师，但是一名导师可以有多名学生。

（5）论文：评阅专家（n∶n）。

关系描述：一篇论文可以由多名评阅专家评阅，同时一名评阅专家可以评阅多篇论文。

（6）论文：答辩专家（n∶n）。

关系描述：一篇论文可以由多名答辩专家提问，同时一名答辩专家可以提问多篇论文。

（7）管理员：学生（n∶n）。

关系描述：一个管理员可以管理多名学生，同时一名学生可以由多个管理员管理。

（8）管理员：导师（n∶n）。

关系描述：一个管理员可以管理多名导师，同时一名导师可以由多个管理员管理。

2．数据字典设计

基于实体关系图，本项目设计了管理员信息表、学位论文信息表等数据库表，如表 9-2 所示。这些数据库表的具体设计如表 9-3～表 9-12 所示。

表 9-2　数据库表

缩写/术语	解　释	缩写/术语	解　释
admin	管理员信息表	replyexpert	答辩专家信息表
degreepaper	学位论文信息表	smallpaper	小论文发表信息表
degreepaper_replyexpert	学位论文-答辩专家信息表	student	学生信息表
openreport	开题报告信息表	student_tutor	学生-导师信息表
readexpert	评阅专家信息表	tutor	导师信息表

表 9-3　管理员信息表

列　　名	数据类型	长　　度	允　许　空	说　　明
adminId	int	11	否	主键；工号
name	varchar	20	是	姓名
password	varchar	20	是	密码
departmentName	varchar	20	是	所在部门

表 9-4　学位论文信息表

列　　名	数据类型	长　　度	允　许　空	说　　明
degreePaperId	int	11	否	主键；论文编号
authorId	int	11	是	作者编号
title	varchar	100	是	论文题目
readExpertId	int	11	是	评阅专家编号
hasRead	int	11	是	是否通过评阅
hasReply	int	11	是	是否通过答辩
hasApprovedByAdmin	int	11	是	管理员审核状态
hasApprovedByTutor	int	11	是	导师审核状态
path	text	—	是	学位论文路径
答辩地点	varchar	100	是	答辩地点

表 9-5　学位论文-答辩专家信息表

列　　名	数据类型	长　　度	允　许　空	说　　明
id	int	11	否	主键；工号
degreePaperId	varchar	11	是	学位论文 ID
replyExpertId	varchar	11	是	答辩专家 ID
replyRole	varchar	20	是	答辩角色

表 9-6　开题报告信息表

列　　名	数据类型	长　　度	允　许　空	说　　明
openReportId	int	11	否	主键；编号
authorId	int	11	是	作者编号
title	varchar	100	是	开题报告题目
hasApprovedByAdmin	int	11	是	管理员审核状态
hasApprovedByTutor	int	11	是	导师审核状态
path	Text	—	—	路径

表 9-7　评阅专家信息表

列　　名	数 据 类 型	长　　度	允　许　空	说　　明
readExpertId	int	11	否	主键；编号
name	varchar	20	是	姓名
jobTitle	varchar	20	是	职称
director	varchar	50	是	研究方向
workUnit	varchar	100	是	工作单位
tutorClass	varchar	100	是	导师类别

表 9-8　答辩专家信息表

列　　名	数 据 类 型	长　　度	允　许　空	说　　明
replyExpertId	int	11	否	主键；编号
name	varchar	20	是	姓名
jobTitle	varchar	20	是	职称
director	varchar	50	是	研究方向
workUnit	varchar	100	是	工作单位
tutorClass	varchar	100	是	导师类别

表 9-9　小论文发表信息表

列　　名	数 据 类 型	长　　度	允　许　空	说　　明
smallPaperId	int	11	否	主键；论文编号
authorId	int	11	是	作者编号
title	varchar	100	是	论文题目
smallPaperJournal	varchar	100	是	论文所发期刊
hasApprovedByAdmin	int	11	是	管理审核状态
hasApprovedByTutor	int	11	是	导师审核状态
path	text	—	—	路径

表 9-10　学位信息表

列　　名	数 据 类 型	长　　度	允　许　空	说　　明
studentId	int	11	否	主键，学号
name	varchar	20	是	姓名
gender	varchar	10	是	性别
password	varchar	20	是	密码
departmentName	varchar	50	是	所属院系
tutorId	int	11	是	导师编号
tutorName	varchar	20	是	指导老师
hasTutor	int	11	是	导师选择结果
hasDegree	int	11	是	是否已被授予学位

表 9-11　学生-导师信息表

列　名	数据类型	长　度	允　许　空	说　明
id	int	11	否	主键
studentId	int	11	是	学生编号
tutorId	int	11	是	导师编号
rank	int	11	是	第几志愿
hasReadByTutor	int	11	是	导师是否已经做出选择
hasApprovedByTutor	int	11	是	导师选择结果
tutorName	varchar	20	—	导师姓名

表 9-12　导师信息表

列　名	数据类型	长　度	允　许　空	说　明
tutorId	int	11	否	主键；导师编号
name	varchar	20	是	导师姓名
jopTitle	varchar	20	是	导师职称
password	varchar	20	是	密码
direction	varchar	50	是	研究方向
departmentName	varchar	50	是	所在院系

3. 安全保密设计

数据库只被少数授权用户访问,必须提供用户名和正确的密码。存储数据库的服务器也只能让系统管理员或少数高级管理人员登录。数据库的安全策略遵循 MySQL Server 5.5 的安全策略。

9.3.4　设计模式

1. 门面模式

如图 9-5 所示,门面模式用于系统用户登录模块,系统中有学生、导师、管理员三种用户,根据用户角色的不同跳转到不同的子系统,子系统包括学生子系统、导师子系统和管理员子系统。

2. 观察者模式

若论文中的是否被审核状态改变,就会引起学生中的论文状态的改变,这里就可以用观察者模式。观察者模式类图如图 9-6 所示。

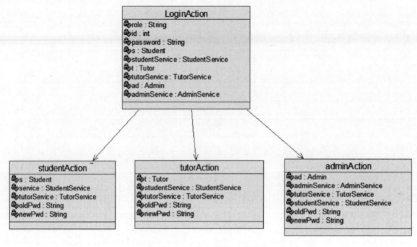

图 9-5　门面模式类图

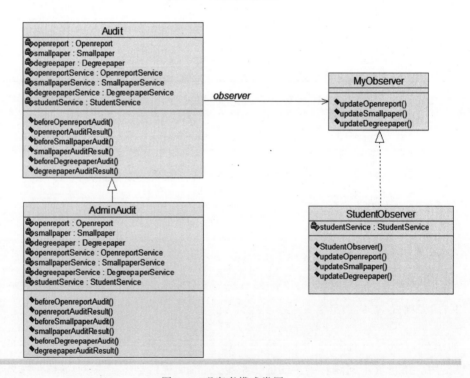

图 9-6　观察者模式类图

3. 代理模式

学生选择导师时可以查看导师信息,但是在学生列表中学生看到的只是查看导师信息的按钮,如果学生需要了解导师的详细信息需要单击进入具体的导师信息列表,这里调用了导师的详细信息的列表,是代理模式。代理模式类图如图 9-7 所示。

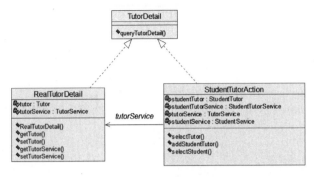

图 9-7　代理模式类图

4. 状态模式

学位论文的状态可以分为管理员审核状态和导师审核状态,系统涉及状态的转换,可以使用状态模式。状态模式类图如图 9-8 所示。

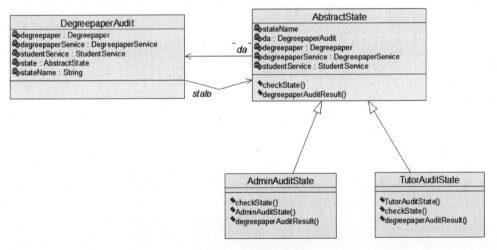

图 9-8　状态模式类图

9.3.5　运行设计

1. 运行模块组合

本程序主要以窗口为模块,一般一个窗口完成一个特定的功能,主窗口通过打开另一个子窗口来实现各个模块之间不同功能的连接和组合。各个模块之间相对独立,程序的可移植性好。各个模块之间主要以传递数据项的引用来实现模块之间的合作和数据共享。

2. 运行控制

只要用户按照操作说明书进行操作,系统允许自由控制,不会对用户输入进行额外限制。任何异常情况都会在程序内部得到处理,并向用户提供相应的提示信息。

3. 运行时间

本软件是研究生培养管理系统,各模块之间所占用各种资源的时间难以计算,整体取决于用户的操作时间。每次操作的响应时间上限控制在 1s 以内。

4. 系统维护设计

软件的维护主要包括数据库的维护和软件功能的维护。对于数据库的维护,主要是经常备份数据库的内容,以防止数据库内容的丢失;以及定时查看数据库是否正常运行,其中包括,对数据库的增删改查是否准确,是否存入数据库表单内。由于对软件功能方面的维护采用了模块化的设计方法,每个模块之间相互独立性较强,这样给软件的维护带来了很大的方便,对于单独功能的修改只需修改相应的模块即可。而对于功能的添加,只要增加相应的模块即可。

9.3.6 出错处理措施

整个系统可能出现的主要错误及补救措施如下。

(1)数据库连接错误:这类错误主要是由数据库设置不正确引起的,只要取消本次操作,提醒维护人员自己检查数据库问题即可。

(2)输入错误:主要是由用户输入不规范造成的,在尽量减少用户出错条件的情况下对用户进行提醒,然后再次操作。

(3)乱码:主要发生在提交汉字信息的情况下,这时只需要对提交的汉字重新进行编码即可。

(4)其他操作错误:用户的不正当操作,有可能使程序发生错误。我们应重点关注这些操作,并提醒用户错误的原因及正确的操作规范。

(5)其他不可预知的错误:程序也会有一些无法预知或没有考虑完全的错误,对此不可能做出完全的异常处理,为了保证数据的安全,要经常对数据库进行备份,然后整理错误信息,逐步完善程序。

9.3.7　测试分析

在本项目开发系统过程中,将其划分为不同的功能模块,包括用户登录模块、学生模块、导师模块和管理员模块。其中,各大模块下还包括了多个子模块,在开发过程中需要对每个子模块进行测试与分析,由于模块过多,本节仅展示用户登录功能与学生模块下的开题报告子模块两部分的测试分析(表9-13和表9-14)。

用户登录功能测试如下。

表 9-13　用户登录功能测试(一)

测试项目名称:研究生培养管理系统		
测试用例编号:TestCase-01	测试人员:	测试时间:
测试项目标题:用户正常登录流程的功能测试	郑翠春	2013.11.12
测试内容: 选择用户角色 输入用户账号 输入密码 单击登录		
测试环境与系统配置: 性能较高的服务器 一般用户:处理器型号(Intel Pentium Ⅲ以上处理器);内存容量(不小于 256MB);外存容量(10GB 以上空余硬盘空间);联机存储设备型号及数量(联机服务器一台) 输入及输出设备:联机 数据通信设备的型号和数量:服务器		
测试输入数据: ① 全为空,不输入立即单击登录按钮 ② 填写错误的用户账号、密码 ③ 填写正确的账号、密码		
测试次数:每个测试过程至少做 3 次		
预期结果: ① 全为空:提示错误信息 ② 错误的用户账号、密码:提示错误信息 ③ 正确的账号和密码:根据角色跳转到不同角色的个人信息首页		
测试过程: 在浏览器中输入项目地址,打开登录界面 在登录文本框中选择用户角色(包括学生、导师、管理员),输入用户账号和密码,单击"登录"		

测试结果：

① 全为空：提示错误信息

② 错误的用户账号、密码：提示错误信息

③ 正确的账号和密码：根据角色跳转到不同角色的个人信息首页

测试结论：测试的预期结果和测试的最终结果相符,登录功能得以实现

表 9-14　用户登录功能测试(二)

测试项目名称：研究生培养管理系统

测试用例编号：TestCase-04	测试人员：	测试时间：
测试项目标题：学生开题报告模块流程的功能测试	郑翠春、高董英	2013.11.27

测试内容：

① 提交开题报告

输入开题报告题目、开题报告内容

单击提交

② 修改开题报告

输入需要修改的内容如开题报告题目、开题报告内容

单击提交

③ 查看开题报告

测试环境与系统配置：

性能较高的服务器

一般用户：处理器型号(Intel Pentium Ⅲ 以上处理器)；内存容量(不小于 256MB)；外存容量(10GB 以上空余硬盘空间)；联机存储设备型号及数量(联机服务器一台)

输入及输出设备：联机

数据通信设备的型号和数量：服务器

测试输入数据：

① 提交开题报告

输入错误的开题报告题目和内容

② 修改开题报告

输入错误的开题报告题目和内容

③ 查看开题报告

测试次数：每个测试过程至少做 3 次

预期结果：

① 提交开题报告

输入错误的开题报告题目和内容,跳转到错误的提交页面

② 提交小论文发表信息

输入错误的开题报告题目和内容,跳转到错误的修改页面

③ 查看开题报告信息

显示开题报告的信息

续表

测试过程：

① 提交开题报告

单击提交开题报告菜单，输入开题报告题目、开题报告内容，单击提交

② 提交小论文发表信息

单击修改开题报告菜单，输入所需要修改的内容如开题报告题目、开题报告内容，单击修改

③ 查看开题报告

单击查看开题报告菜单

测试结果：

① 提交开题报告

输入错误的开题报告题目和内容，跳转到错误的提交页面

② 提交小论文发表信息

输入错误的开题报告题目和内容，跳转到错误的修改页面

③ 查看开题报告信息

显示开题报告的信息

测试结论：测试的预期结果和测试的最终结果相符，开题报告模块功能得以实现

9.4　小结

高校研究生规模不断扩大，管理需求也随之增加，传统管理方式已经难以应对。研究生培养管理系统是针对高校研究生教育管理的一种信息化管理工具。该系统通过计算机技术和网络技术，实现了对研究生招生、培养、管理等环节的全面管理和监控。

总的来说，该系统旨在规范管理流程、减轻管理人员工作负担、提高工作效率。系统还能够为各部门提供研究生数据支持，为研究生院提供管理决策参考。这样的系统对于高校管理工作的改善和提升具有重要意义。本项目应用于福州大学计算机与大数据学院计算机科学与技术学术型/专业型硕士研究生课程"高级软件工程""软件体系结构"等，累计授课超过 500 人次，取得了优秀的教学效果。

第 10 章

Magic 图像处理小程序项目[①]

随着生活质量的提升,人们对图像处理的需求不断增加。例如,在社交媒体发布照片前,都会对照片进行优化以确保最佳效果。Magic 图像处理小程序项目的目标是满足日益增长的图像处理需求,为用户提供一款功能强大、操作简便的图像处理小程序。

10.1 相关背景

目前,图像处理软件已被广泛运用于生活中的各个领域,从社交媒体到广告设计,从医学影像到工程建模。市场需求的不断演变为企业和软件开发者创造了更多机遇,但也带来了更多挑战。

为了提高图像处理的效果,各种图像处理软件应运而生。这些软件将处理算法巧妙封装成各个功能,为用户提供了更广阔的设计空间。尽管目前市场上最为广泛使用的是 Adobe 公司开发的 Photoshop 软件,但其过于专业,使得相关处理对普通用户而言显得操作烦琐。为了满足用户对简单易用、功能丰富的图像处理软件的需求,Magic 图像处理小程序应运而生。

Magic 图像处理小程序项目的目标在于为用户提供一款强大而直观的图像处理工具。通过智能算法和友好的界面设计,该小程序简化了图像处理过程,使用户能够轻松实现各种处理效果,满足其日常图像编辑和美化的需求。

---

① 本案例由华威、林智锋、陈俊豪(来自福州大学 2013 级软件工程专业)提供。

10.2　需求分析

10.2.1　用例图

下面介绍系统客户端的用例图(图10-1)。

(1)参与者:用户。

(2)用例。

① 打开图片:用户可以打开一张或者多张图片。

② 打开文件:用户打开文件后,可以保存和分享。

③ 美化图片:用户可以通过调整亮度、对比度、饱和度和旋转图片等功能来美化图片。

④ 拼图:用户可以将多张图片拼接在一起,创作出一个完整的图像。

⑤ 装饰图片:用户可以下载饰品,随后通过在图片上添加蝴蝶结、花朵等元素,为图像增添更丰富的装饰效果。

⑥ 添加文字描述:用户可以在图片中添加文本,以便更详细地描述图像。

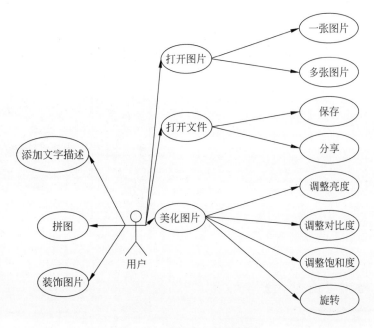

图10-1　系统客户端用例图

10.2.2　原型图

下面以个人中心界面和图像编辑界面为例介绍本项目的原型图设计。

如图 10-2 所示，个人中心界面主要展示用户的个人信息，包括个人昵称、个性标签、会员信息、存储空间和图片数量等。除此之外，个人中心界面还设有导航栏（包括“我的收藏”“上传照片”“图片回收站”“分享照片”“历史数据”选项）。这样的设计使得用户能够方便地跳转到其他相关界面，提升了用户体验。

图像编辑界面（图 10-3）采用了与个人中心界面一致的设计风格。在界面顶部，展示了图片的添加时间或拍摄时间。界面中心位置展示了图片，用户可以通过双指操作实现图片的放大或缩小。在界面下方设计了一个“一键美化”按钮，用户单击后，系统将通过智能图像识别自动进行美化，无须用户进行额外操作。界面底部设置了一排导航栏，包括“上传云端”按钮、“分享”按钮、“删除”按钮、“预览其他照片”按钮和“更多”按钮。单击“更多”按钮后，界面会弹出与图像编辑相关的功能按钮，为用户提供更多的操作选项。

图 10-2　个人中心界面

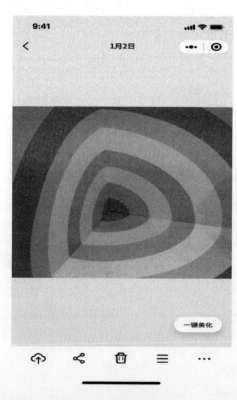

图 10-3　图像编辑界面

10.3 系统设计

10.3.1 体系结构设计

Magic 图像处理小程序项目选择了 Visual Studio 作为开发工具，结合了 OpenCV 和 SQLite 数据库作为后端支持。这个选择有着多重优势。首先，Visual Studio 作为一个成熟的集成开发环境，具有强大的功能和友好的用户界面，能够提升开发效率和开发体验。其次，OpenCV 作为一个开源的计算机视觉库，提供了丰富的图像处理算法和工具，支持多种编程语言接口，包括 C++、Python 等，为项目的图像处理功能提供了强大的支持。最后，SQLite 数据库作为一个轻量级的嵌入式数据库引擎，具有稳定性高、易用性强的特点，为项目提供了可靠而灵活的数据存储解决方案。综合来看，这一环境能够为项目提供高效、稳定和灵活的开发平台，有助于实现项目的目标和需求。

本系统的主要开发工作涵盖了前台模块和后台模块。前台模块专注于展示基本的图像处理操作，旨在让用户根据个人需求进行选择。后台开发的重点在于便捷地管理数据，包括对系统内置的图像库进行有效管理，以方便用户选择和使用。通过前后台模块的有机结合，系统能够提供全面而强大的图像处理功能，满足用户的各种需求。

数据管理在项目中扮演着至关重要的角色，特别是内置的图像库。在整个开发过程中，本项目不仅关注如何高效管理数据，还强调数据的安全性。确保数据的有效性、保密性和完整性是开发中必须重视的因素之一。在系统设计中，本项目采用了一系列有效而安全的数据管理措施，以确保用户能够方便地访问所需的图像库，同时对数据进行了适当的保护。这些措施包括但不限于访问控制、加密技术以及定期的数据备份策略。实施这些措施，保障了系统对数据的可靠管理，为用户提供了一个稳定和安全的操作环境。

10.3.2 功能介绍

Magic 图像小程序包括五个功能模块，分别为文件模块、美化模块、饰品模块、文字模块和自由拼图模块。功能架构如图 10-4 所示。

（1）文件模块。

单击导航栏中的"文件"按钮后，用户将看到"打开""保存""分享"按钮。单击"打开"按

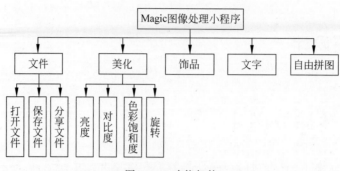

图 10-4 功能架构

钮后,用户可以在自定义路径下选择图片,以供后续处理。如果用户选择多张图片,可以同时对它们进行相同的处理。完成图像处理后,用户可通过单击"保存"按钮将图片储存至指定目录。若想分享文件,用户先单击"分享"按钮,系统将跳转到另一个网页。在用户输入账号和密码后,即可自动分享至社交媒体。这一便捷的操作流程使用户能轻松地管理和处理图像,并将其分享到社交媒体,实现了文件处理和分享的简便统一。

(2) 美化模块。

单击导航栏中的"美化"按钮后,将呈现"亮度""对比度""色彩饱和度""旋转"按钮。用户可通过滑动相应的进度条来调整亮度、对比度和色彩饱和度,以实现对图像的精细处理。此外,用户还可以通过单击"旋转"按钮来执行选择性的图像旋转操作。这样的设计使得美化功能变得直观而灵活,用户能够轻松调整图像效果,实现个性化的图像处理。

(3) 饰品模块。

单击导航栏中的"饰品"按钮后,用户将看到一系列可用的饰品。通过单击"下载"按钮,用户可以选择并获取所需的饰品,以进行图像装饰。这简便的操作流程为用户提供了轻松、个性化的图像装饰体验。

(4) 文字模块。

单击导航栏中的"文字"按钮后,将弹出一个文本框,用户可在文本框中输入文字,以便对图片进行描述。这一交互设计使用户能够方便地为图像添加个性化的文字内容,从而丰富图片的表达,传达更多的信息。

(5) 自由拼图模块。

单击导航栏中的"自由拼图"按钮,用户可选择多张图片,将它们巧妙地拼合成一张新的图片。

10.3.3　数据库设计

1. 实体关系分析

本项目依照系统功能需求设计了数据库逻辑结构,其由表 10-1 中的实体和属性构成。

表 10-1　实体-属性表

实　　体	属　　　　性
图片	图片所在文件夹的 URL、图片名、图片宽度、图片高度和图片所占字节数

2. 数据字典设计

本项目依照实体-属性表(表 10-1),设计了素材库表(表 10-2)。

表 10-2　素材库表(image_tab)

字　段　名	数 据 类 型	长　　度	不能设置为空	是否为主键	备　　注
NAME	text	—	是	是	图片名称
URL	text	—	是	否	图片所在文件夹的 URL
WIDTH	int	64	否	否	图片宽度
HIGHT	int	64	否	否	图片高度
SIZE	int	64	否	否	图片大小所占字节数

10.3.4　设计模式

1. 模板模式

模板模式是一种允许子类在不改变算法结构的情况下重新定义算法特定步骤的设计模式。这种模式在代码复用方面尤为关键,能够为系统提供灵活性和可维护性。

在图像拼接的实现中,存在一系列相对固定的步骤:首先,对需要拼接的图片进行预处理;接着,构造拼接图片的数组;最后,进行拼接操作并生成拼接结果。拼接操作本身可以选择水平拼接或垂直拼接,而这两种拼接方法在整体流程中的差异主要体现在第二步和第三步。因此,通过引入模板模式,本系统能够更灵活地处理这些步骤,使得水平和垂直拼接方法能够共享相同的框架结构。

如图 10-5 所示,系统定义了一个抽象类 ImageMerger,它规定了拼接操作的整体框架。针对水平操作和垂直操作,分别有 VerticalMerger 类和 HorizontalMerger 类,这两个类都实现了 ConstructImageArray() 和 InitDstImage() 方法,分别对应图像拼接的第二步和第三步。

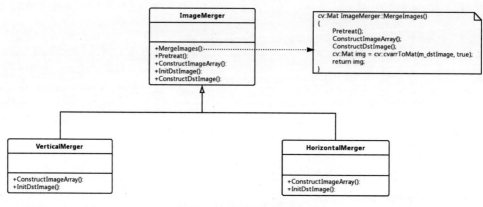

图 10-5　模板模式类图

2. 单例模式

单例模式被广泛应用于各类程序中,其主要功能体现在资源共享和资源控制两方面。在涉及资源共享的情况下,单例模式能够有效避免由于资源操作导致的性能损耗。同时,在需要对资源进行严格控制以便资源之间互相通信的情况下,单例模式发挥着重要作用,例如在上下文环境中对资源的控制和管理。

在程序实现过程中,存在一些至关重要的信息需要保存,而这些关键信息很可能被多个类用到。为了方便这些信息在各个类之间进行共享,需要创建一个类似于"全局变量"的实体,以存储这些关键信息。在这种情况下,选择使用单例模式来实现一个 Context 类的实例是一个不错的选择,如图 10-6(a)所示。

如图 10-6(b)所示,MagicianFactory 类用于生成具体的图像处理算法。为了避免在操作资源时产生浪费,选择将其设计为单例模式是合理的。

3. 工厂模式

工厂模式的核心概念是定义一个创建产品对象的工厂接口,将实际的创建工作推迟到子类中进行。在这种模式下,核心工厂类不再直接负责产品的具体创建,而是变成一个抽

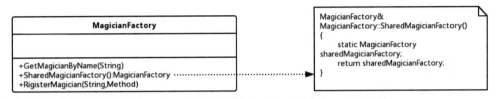

（a）单例模式类图（一）

（b）单例模式类图（二）

图 10-6　单例模式类图

象工厂角色,仅负责定义具体工厂子类必须实现的接口。这样的设计使得系统可以轻松地引入新的产品,而无须修改核心工厂类,符合开放封闭原则。

　　为了实现对图像处理算法的动态生成,并允许通过配置文件来灵活选择所需的算法类,本系统必须引入工厂模式。如图 10-7 所示,定义一个 MagicianFactory 抽象类,这个类并不负责产生图像处理算法,算法的具体创建由它的子类 Magician 负责。这样的设计既满足了对算法不断扩展的需求,也提供了配置文件动态生成算法的灵活性。

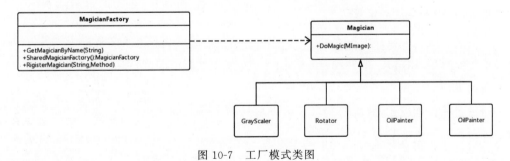

图 10-7　工厂模式类图

4. 策略模式

　　策略模式属于对象的行为模式,其用意是针对一组算法,将每个算法封装到具有共同接口的独立的类中,从而使得它们可以相互替换。

本系统存在多种图像处理算法,为了简化图像处理的调用流程,对这些算法进行了封装。在图像处理阶段,只需要调用通用的"处理"过程,而无须深入了解具体使用了哪个算法。这种设计让整个处理过程更为简单、易于理解和使用。如图 10-8 所示,Image 类中的 SetMag()方法用于指定图像处理算法,DoMagic()方法则负责调用该算法进行图像处理,而无须关心具体是哪个算法。

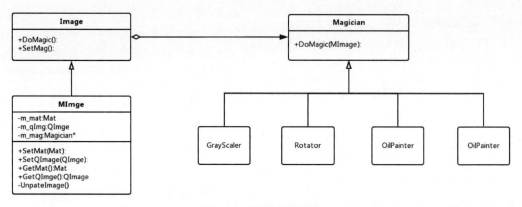

图 10-8　策略模式类图

5．代理模式

代理模式的核心思想是为其他对象提供一种代理,通过该代理来控制对目标对象的访问。这种设计允许代理对象在目标对象的基础上增加额外的功能,同时不改变原有对象的结构。代理模式在实际应用中广泛用于控制对象的访问、记录日志、提供缓存等方面,从而实现更灵活、更安全的对象管理。

在批处理图片的窗口中,系统以缩略图的形式向用户展示目前所有的图片。用户可通过对这些缩略图进行操作来处理图片,尽管表面上是对缩略图进行操作,实际上却是对具体的图片进行了操作。这种设计采用了代理模式,使得缩略图能够对具体的图片进行控制。通过引入代理模式,缩略图充当了用户与具体图片之间的中介,实际上是代理对象负责处理用户的操作并转发到对应的具体图片。如图 10-9 所示,对 IconWidget 类(缩略图类)进行操作时,实际上是调用了 MImage 类(具体图片类)的方法。

6．外观模式

外观模式实际上定义了一个高层接口,该接口为子系统中一组接口提供了一个一致的

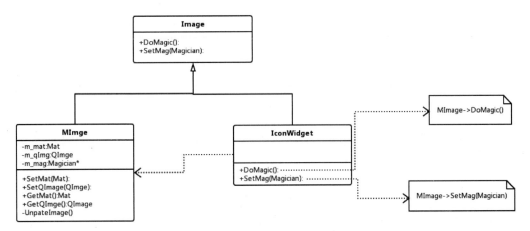

图 10-9　代理模式类图

界面,从而使得对这一子系统的使用更加方便。这种设计允许客户端与外观对象交互,而无须了解子系统的具体实现细节。

在 QT 中,一般使用 QImage 类对图像进行封装,而在 OpenCV 中通常采用 Mat 对图像进行封装。在整个项目中,有些部分需要使用 QImage,比如 QT 的 GUI 部分,而另一些部分需要使用 Mat,例如 OpenCV 的算法处理部分。为了实现对图像处理操作的统一化,本项目引入了外观模式。通过将 QImage 和 Mat 进行封装,我们创建了 MImage 类,外部只需操作 MImage,而无须关心底层的具体图像封装方式。如图 10-10 所示,左上方表示在未引入外观模式之前的情况,类的交互相对烦琐且 QImage 和 Mat 需要进行同步操作。右上方是引入外观模式(MImage)之后的情况,类之间的交互得到了简化。

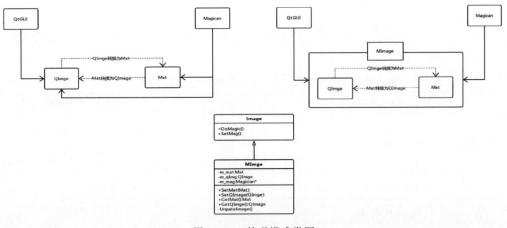

图 10-10　外观模式类图

10.3.5 运行设计

1．运行模块组合

软件在接收到输入数据时启动数据接收模块，随后通过模块之间的相互调用，对输入数据进行格式化处理。当接收数据模块获得足够的数据时，将调用相应的处理模块对信息进行处理，并产生相应的输出。

2．运行控制

运行控制方式严格按照各模块间函数调用关系来实现，各模块需要正确判断运行控制，选择适当的运行控制路径。这样的设计确保了系统在处理输入数据时能够按照预定的流程进行，从而确保了信息的完整性和准确性。

3．运行时间

在软件需求分析中，对运行时间的要求是必须对用户操作作出快速的响应。通常情况下，软件的响应时间应保持在小于 5 秒的水平，同时系统对相关图片的处理时间应该在可接受的范围内，以确保用户在使用过程中能够享受到高效且流畅的操作体验。

10.3.6 系统出错处理设计

以表格的形式说明当系统出现错误或故障时，系统输出信息的形式、含义以及相应的处理方法，如表 10-3 所示。

表 10-3　出错信息表

系统输出信息的形式	含　义	处 理 方 法
网页上弹出"密码错误"的警告信息，且系统跳转至首页	显示密码错误的提示信息	输入正确密码
显示"用户不存在"的警告信息	修改用户名时，用户名不存在	填写正确的用户名

10.3.7 测试分析

整个系统包含了以下几个模块：文件模块、美化模块和饰品模块等。其中，各大模块下还包括了多个子模块,在开发过程中需要对每个子模块进行测试与分析,由于模块过多,本节仅展示图像处理模块和图像批处理模块的测试分析(表10-4、表10-5)。

表 10-4　图像处理模块测试表

模块名称	子模块	测试点	测试类型	预计输出	实际输出
图像处理	图片显示	图片显示	界面测试、功能测试	在主窗体显示图片	在主窗体显示图片
	边缘检测	边缘检测		主窗体显示出轮廓	主窗体显示出轮廓
	灰度变化	灰度变化		主窗体显示出灰度图	主窗体显示出灰度图
	油画化	油画化		主窗体显示出油画效果	主窗体显示出油画效果
	灰度增强	灰度增强		主窗体显示灰度增强	主窗体显示灰度增强
	浮雕处理	浮雕处理		主窗体显示浮雕处理	主窗体显示浮雕处理
	石雕处理	石雕处理		主窗体显示石雕处理	主窗体显示石雕处理

表 10-5　图像批处理模块测试表

模块名称	子模块	测试点	测试类型	预计输出	实际输出
图片批处理	批处理选择	批处理选择	界面测试、功能测试	文件夹弹窗	文件夹弹窗
		显示缩略图		在主窗体显示缩略图	在主窗体显示缩略图
		继续添加图片		文件夹弹窗	文件夹弹窗
	批基本处理	显示缩略图		在主窗体显示缩略图	在主窗体显示缩略图
		批基本处理		在主窗体显示经基本处理后的缩略图	在主窗体显示经基本处理后的缩略图
	批撤销	显示缩略图		在主窗体显示缩略图	在主窗体显示缩略图
		批撤销处理		在主窗体显示经撤销处理后的缩略图	在主窗体显示经撤销处理后的缩略图
	批旋转	显示缩略图		在主窗体显示缩略图	在主窗体显示缩略图
		批旋转处理		在主窗体显示经批旋转处理后的缩略图	在主窗体显示经批旋转处理后的缩略图
	批添加文本	显示缩略图		在主窗体显示缩略图	在主窗体显示缩略图
		批文本处理		在主窗体显示经批文本处理后的缩略图	在主窗体显示经批文本处理后的缩略图

10.4　小结

Magic图像处理小程序项目的一大亮点在于引入了智能算法,这不仅提升了图像处理的效率,还激发了用户的创作灵感。美化模块的设计考虑了用户的实际需求,通过提供"亮度""对比度""色彩饱和度""旋转"等选项,使用户能够灵活地调整图像效果,满足不同场景下的处理要求。饰品、文字和自由拼图等功能模块的加入进一步拓展了用户的创作空间,为图像注入了更多个性化元素。

本项目应用于福州大学计算机与大数据学院计算机科学与技术学术型/专业型硕士研究生课程"高级软件工程""软件体系结构"等,累计授课超过 500 人次,取得了优秀的教学效果。

第 11 章

福州大学二手购物网站项目[①]

福州大学二手购物网站的诞生源于对学生生活的深刻思考和对资源可持续利用的关切。在这个充满创新和共享理念的时代,本项目致力于构建一个便捷且具有社交价值的平台,为校内学子们提供一个买卖二手物品的智能社区。

11.1 相关背景

随着互联网技术的迅猛发展,网上购物已经成为现代生活的主流趋势,在大学生群体中尤为普及。然而,这种便利也伴随着一个问题,那就是大学生闲置物品的增多。这些物品往往因为毕业或者换新而无法再次利用,给学生们带来了困扰。为了解决这一难题,福州大学二手购物网站应运而生。该网站的目标是为大学生提供一个便捷的二手交易平台,以促进校内二手商品的流通与再利用,从而减少资源浪费,实现资源的可持续利用。

福州大学二手购物网站是一项旨在倡导资源共享和可持续利用理念的创新项目,不仅仅是一个简单的在线购物平台,它致力于在校园中推动环保意识的传播。通过建立这样一个平台,我们希望能够减少物品的浪费,促进环保理念在校园中深入人心。在这个平台上,同学们可以以合理的价格购买到所需的二手物品,同时也可以将自己不再需要的物品出售给他人,实现资源的有效再利用,为环保事业贡献一份力量。

---

① 本案例由周勉、刘煌、徐强(来自福州大学 2016 级软件工程专业)提供。

11.2 需求分析

11.2.1 用例图

下面介绍本项目用户用例图(图 11-1)。

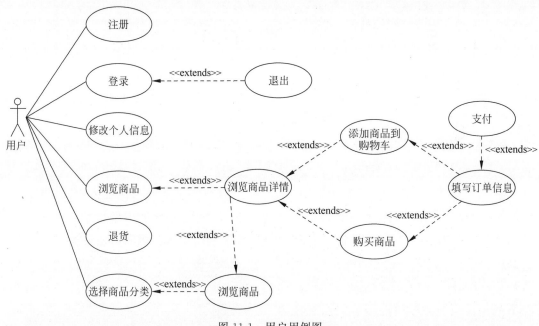

图 11-1 用户用例图

(1) 参与者:用户。

(2) 用例。

① 注册:用户输入用户名、密码和个人信息进行注册。

② 登录:用户使用用户名和密码登录。

③ 个人信息修改:用户可以自行修改个人信息。

④ 浏览商品:用户可以在福州大学二手购物网站中浏览各种商品的信息,这包括商品的图片、名称、价格和详细描述等。

⑤ 退货：用户有权将已购买的商品退还给商家，并在符合一定条件下获得退款或选择更换其他商品。

⑥ 选择商品分类：用户可以自行选择感兴趣的商品分类，以便更轻松地浏览和查找符合自己需求的商品。

11.2.2　原型图

下面以系统主界面和购物界面为例介绍本项目的原型图设计。

如图 11-2 所示，系统主界面主要由以下几个核心组件构成：主菜单栏位于界面顶部，提供了导航到不同界面的选项（包括"所有商品""手机数码""家用电器""家居家纺""服饰鞋包""美妆个护"选项），以帮助用户轻松浏览内容。搜索框位于界面的中心区域，为用户提供了一个方便快捷的搜索功能。用户可以在搜索框中输入关键词，以查找特定的商品或相关信息。这个搜索框使用户可以根据自己的需求快速定位到感兴趣的商品，提升了用户的检索效率和用户体验。

图 11-2　系统主界面

如图 11-3 所示的购物界面与系统主界面采用相同的画面风格。主要由以下几个核心组件构成：商品信息展示组件处于界面的中心位置，分为左右两部分。左侧显示商品的基本信息，包括名称、价格和描述，并提供选项供用户选择商品的样式或其他属性。右侧以图片形式展示商品，让用户能够直观地了解商品的外观和特征。

图 11-3　购物界面

11.3　系统设计

11.3.1　体系结构设计

本项目选择使用 MyEclipse 作为开发工具,采用 MySQL 作为数据库,并在 Tomcat 7.0 服务器上运行。MyEclipse 企业级工作平台(MyEclipse Enterprise Workbench)是对 Eclipse 的扩展,提供了丰富的功能和插件,适用于 Java 开发。它在 Web 应用程序服务、J2EE 和数据库的开发、发布等方面提供了整合方案,极大地提高了开发效率。MyEclipse 的优秀整合特性为项目的设计和实现提供了强大支持,使其能够设计和实现令人难以置信的动画效果和用户界面。本项目使用的是 MyEclipse 10.0 版本,这是一个功能完善、稳定可靠且免费的版本,极大地降低了环境搭建成本。

本项目主要采用 Java 作为开发语言。Java 是一种由 Sun 公司开发的面向对象的程序设计语言,具有跨平台的特性,编译后的程序能够在多种操作系统平台上运行。Java 的主要优势在于其出色的可移植性、分布性和稳健性,以及强大的通用性、健壮性和安全性,这使得其成为当前主流的 Web 开发首选语言之一。

　　本项目采用 Struts2 框架进行框架搭建。Struts2 是一个基于 Java EE 的 Web 应用程序开发框架,它能够大大简化开发过程,缩短开发周期,降低开发成本。Struts2 不仅提供了良好的架构设计,还与其他技术如 Spring、Hibernate 等良好整合,使得开发项目更加方便。Spring 框架贯穿于表达层、业务逻辑层和持久化层,帮助降低各层次之间的耦合度,增强了项目的健壮性。而 Hibernate 作为对象关系映射框架,简化了操作数据和连接数据库的步骤,使得 Java 程序员能够更轻松地使用面向对象的编程思想来操作数据库。

11.3.2　功能介绍

　　福州大学二手购物网站分为前台模块和后台模块。前台模块主要包括首页模块、商品模块、用户模块和购物车模块四个模块。后台模块包含一级分类管理模块、二级分类管理模块、订单管理模块和用户信息管理模块四个模块。

　　根据前台功能架构图(图 11-4),介绍本项目前台模块。

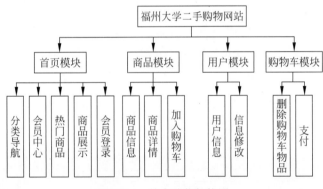

图 11-4　前台功能架构图

　　(1) 首页模块。

　　首页模块提供了分类导航、会员中心、热门商品、商品展示和会员登录等功能。分类导航功能是指在导航栏中显示了二手商品商城的一级分类。会员中心功能是指用户可以单击"会员中心"按钮,如果已登录,则直接进入个人会员空间;若未登录,则跳转至会员登录界面。在会员登录界面,用户可以进行登录或注册新账号。热门商品功能是指在网页主界面的显著位置,以图片形式展示近期热门商品,方便用户选择感兴趣的商品。商品展示功能是指在网页主页的显著位置,以图片形式展示二手商城的部分商品,让用户能够直观地浏览和选择。会员登录功能是指会员可以通过会员登录模块进入会员空间。该登录模块包含验证码功能,以提高用户的安全性。在登录模块中,还提供了注册会员的链接,用户单击后可进入会员注册模块。

(2) 商品模块。

商品模块提供了商品信息、商品详情和加入购物车功能。商品信息功能是指展示该商品的基本信息,如名称、单价等,并提供数量选择选项。商品详情功能可以展示该商品的具体样式,并提供商品参数、规格、尺寸等详细信息。加入购物车功能是指用户可以通过单击相应按钮将该商品加入购物车,方便后续统一结算。加入购物车功能使用户能够将多个商品放入购物车,然后在购物车中比较它们的特性、价格等信息,帮助用户作出更明智的购物决策。

(3) 用户模块。

用户模块提供了用户信息和信息修改功能。用户信息功能是指展示用户的姓名、联系方式、电子邮箱以及收货地址等个人信息。信息修改功能是指单击"信息修改"按钮后,用户可以对个人信息进行修改,例如手机号和收货地址。值得注意的是,由于电子邮箱被用于账户激活功能,因此无法进行修改。

(4) 购物车模块。

购物车相关模块提供删除购物车商品和支付功能。删除购物车商品功能是指用户可通过单击"删除"按钮,将选定商品从购物车中移除。支付功能是指当用户确认购物车中的商品无误后,可单击"支付"按钮,进入具体的支付界面。在支付界面,用户需要填写相应信息并完成支付操作。

根据后台功能架构图(图 11-5),介绍本项目后台模块。

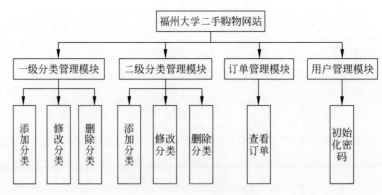

图 11-5　后台功能架构图

(1) 一级分类管理模块。

一级分类管理模块提供了添加分类、修改分类和删除分类功能。添加分类功能是指通过单击"添加"按钮,管理员可以填写相应的分类信息,从而成功完成分类的创建。修改分类是指通过单击"修改"按钮,管理员可以对当前选中的分类信息进行编辑和修改。删除分类是指通过单击"删除"按钮,管理员可以删除当前选中的一级分类。

（2）二级分类管理模块。

二级分类管理模块也提供了添加分类、修改分类和删除分类功能。每个子功能与一级分类管理的子功能类似。

（3）订单管理模块。

订单管理模块提供了查看订单功能。查看订单功能是指管理员进入订单管理模块后,能够全面查看所有订单的详细情况。订单信息以清晰的列表形式呈现,包括订单号、商品名称、数量、价格以及当前支付状态等。

（4）用户管理模块。

用户管理模块提供了初始化密码功能。

11.3.3　数据库设计

1. 实体关系分析

本项目根据系统功能需求设计了数据库逻辑结构,其中包含了一系列实体和属性,详细如表 11-1 所示。实体关系描述如下。

（1）用户：管理员（n：1）。

关系描述：一名用户可以由多名管理员管理,同时一名管理员可以管理多名用户。

（2）用户：订单（1：n）。

关系描述：一名用户可以管理多个订单,同时一个订单只能由一名用户管理。

（3）用户：商品（n：n）。

关系描述：一名用户可以查看多个商品,同时一个商品可以被多名用户查看。

（4）管理员：一级分类（n：n）。

关系描述：一名管理员可以管理多个一级分类,同时一个一级分类可以由多名管理员管理。

（5）管理员：二级分类（n：n）。

关系描述：一名管理员可以管理多个二级分类,同时一个二级分类可以由多名管理员管理。

（6）订单：订单项（1∶n）。

关系描述：一个订单中可以有多个订单项，同时一个订单项只能对应一个订单。

（7）订单：商品（n∶n）。

关系描述：一个订单中可以有多个商品，同时一个商品可以对应多个订单。

表 11-1　实体-属性表

实　　体	属　　　　　性
用户	用户 ID、用户名、密码、真实姓名、邮箱、电话、地址、用户状态等
管理员	管理员 ID、用户名、密码
一级分类	一级分类 ID、一级分类名称
二级分类	二级分类 ID、二级分类名称、所属的一级分类 ID
订单项	订单项 ID、数量、总金额、商品 ID、订单 ID
订单	订单 ID、总金额、下单日期、状态、下单人姓名等
商品	商品 ID、商品名称、市场价、商城价、商品描述等

2．数据字典设计

本项目根据实体-属性表（表 11-1），设计了用户表、订单表和商品表等数据库表，如表 11-2 所示。核心数据库表的具体设计如表 11-3～表 11-9 所示。

表 11-2　数据库表

缩写/术语	解　　释	缩写/术语	解　　释
user	用户表	orderitem	订单项表
adminuser	管理员表	orders	订单表
category	一级分类表	product	商品表
categorysecond	二级分类表		

表 11-3　用户表（user）

字　段　名	数据类型	长　　度	不能设置为空	是否为主键	备　　注
uid	int	11	是	是	用户 ID
username	varchar	255	是	否	用户名
password	varchar	255	是	否	密码
name	varchar	255	是	否	真实姓名
email	varchar	255	是	否	邮箱
phone	varchar	255	是	否	手机号
addr	varchar	255	是	否	地址
state	int	11	是	否	状态
code	varchar	64	是	否	激活码

表 11-4　管理员表（adminuser）

字　段　名	数 据 类 型	长　　　度	不能设置为空	是否为主键	备　　注
uid	int	11	是	是	管理员 ID
username	varchar	255	是	否	用户名
password	varchar	255	是	否	密码

表 11-5　一级分类表（category）

字　段　名	数 据 类 型	长　　　度	不能设置为空	是否为主键	备　　注
cid	int	11	是	是	一级分类 ID
cname	varchar	255	是	否	一级分类名称

表 11-6　二级分类表（categorysecond）

字　段　名	数 据 类 型	长　　　度	不能设置为空	是否为主键	备　　注
csid	int	11	是	是	二级分类 ID
csname	varchar	255	是	否	二级分类名称
cid	int	11	是	是	所属的一级分类 ID

表 11-7　订单项表（orderitem）

字　段　名	数 据 类 型	长　　　度	不能设置为空	是否为主键	备　　注
item_id	int	11	是	是	订单项 ID
count	int	11	是	否	数量
subtotal	double	11	是	否	总金额
pid	int	11	否	否	商品 ID
oid	int	11	否	否	订单 ID

表 11-8　订单表（orders）

字　段　名	数 据 类 型	长　　　度	不能设置为空	是否为主键	备　　注
oid	int	11	是	是	订单 ID
total	double	11	是	否	总金额
name	varchar	255	是	否	下单人姓名
phone	varchar	255	是	否	下单人手机号
addr	varchar	255	是	否	下单人地址
ordertime	datetime	—	是	否	下单时间
state	int	11	是	否	状态
uid	int	11	是	否	用户 ID

表 11-9　商品表（product）

字　段　名	数 据 类 型	长　　　度	不能设置为空	是否为主键	备　　注
pid	int	11	是	是	商品 ID
pname	varchar	255	是	否	商品名称
market_price	double	11	是	否	市场价
shop_price	double	11	是	否	商城价
image	varchar	255	是	否	图片的路径
pdesc	varchar	255	否	否	商品描述
is_hot	int	11	是	否	是否为热门商品
csid	int	11	是	否	所属的二级分类 ID
pdate	datetime	—	否	否	修改时间

3. 安全保密设计

（1）用户身份认证。

系统提供了用户标识自身的机制，通常以用户名和密码的形式进行。当用户试图登录系统时，系统会对用户提供的用户名和密码进行核对，以确保用户的身份是真实且合法的。

（2）视图。

在存储权限控制方面，系统通过定义用户的外模式来有效地实现安全保护。在关系数据库中，这通常通过为不同用户定义不同的视图来实现。通过视图机制，系统可以隐藏需要保密的数据，使得无权操作的用户无法直接访问。因此，视图的使用可以有效地控制用户对数据的访问权限，提高了系统的安全性和可靠性。

11.3.4　设计模式

1. 状态模式

购物车功能的操作包括添加商品、删除商品、清空购物车等。然而，在购物车为空的情况下，删除商品和清空购物车并没有实际意义。为了更有效地设计购物车功能，本项目使用状态模式（图 11-6），将购物车（Cart）作为状态模式的环境类。在这个设计中，购物车的状态被分为已添加商品状态（StateHave）和未添加商品状态（StateNO）。

在 StateHave 和 StateNo 状态中都包含商品添加的方法（addCart（）），但商品删除（deleteCart（））以及清空购物车（dearCart（））的方法只在 StateHave 状态中具体实现。这种设计使得购物车状态的切换更加灵活，根据实际情况调用相应的操作，提高了代码的可维护性和可扩展性。

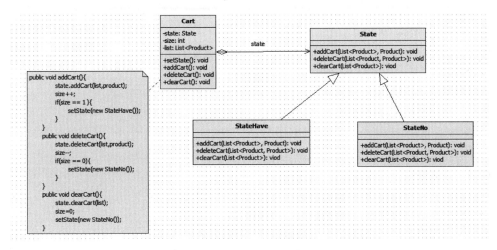

图 11-6　状态模式类图

2．观察者模式

当改变一级分类的名称时,需要更新二级分类中的所属一级分类的名称;而改变二级
分类的名称时,商品中的所属二级分类的名称也需要更新。为了实现这一模块,我们选择
使用观察者模式。在这个设计中,一级分类充当二级分类的观察对象。如图 11-7 所示,当
一级分类的 name 属性发生变化时(通过 setName()方法),需要通知二级分类中的
preName 属性进行更新(通过 setPreName()方法)。同样地,二级分类充当商品的观察对
象。当二级分类的 name 属性发生变化时(通过 setName()方法),需要通知商品中的
preName 属性进行更新(通过 setPreName()方法)。这种观察模式的设计使系统中各个元
素之间的关联更加灵活,确保了信息的同步更新。

3．适配器模式

用户注册或更改密码时,希望能够通过加密方法(例如 DigestUtils 的 md5Hex())对密
码进行加密后再存入数据库。为了实现这一需求,本项目采用适配器模式进行设计。如
图 11-8 所示,适配器 Exuser 继承自 User 类,由于 DigestUtils 类的源码不可用,使用引用
的方式来适配。通过引用一个 DigestUtils 对象,利用其方法对密码进行加密,然后将加密
后的密码存入数据库中。

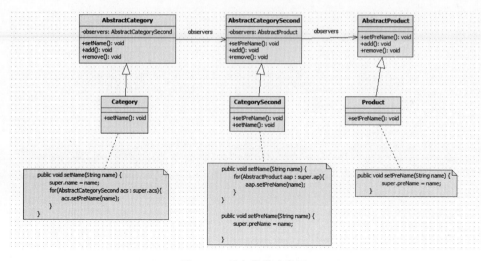

图 11-7　观察者模式类图

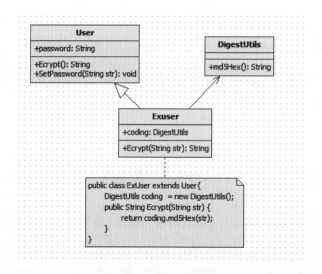

图 11-8　适配器模式类图

4．代理模式

　　用户无论是否登录都可以执行浏览商品信息等一些基本操作,但生成订单这一操作要在登录后才能执行。为了实现这一需求,本项目采用代理模式来设计订单。如图 11-9 所示,在代理订单类(ProxyOrder)中,通过判断用户是否登录来决定如何处理生成订单的请求。如果用户已登录,代理订单类将调用实际订单类中生成订单的方法;如果用户未登录,代理订单类将发出警告并引导用户跳转至登录界面。这种代理模式的设计使订单生成过程能够根据用户的登录状态进行灵活控制,提升了系统的安全性和用户体验。

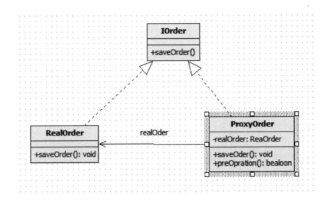

图 11-9　代理模式类图

5.装饰模式

最初设计注册功能时,只考虑了向邮箱发送通知邮件的功能。考虑到这种方式难以防范一个邮箱恶意注册多个账号的风险,因此决定在原有邮件的基础上添加激活功能。为了尽量不改变原有的代码结构,采用装饰模式来实现这一功能。

如图 11-10 所示,在装饰类(SendAndActive 类)中,通过添加激活码的方式修改要发送的邮件内容。此外,装饰类还实现了用户点击激活链接后调用的方法,该方法用于比对数据库中是否已存在相应的邮箱。这种装饰模式的设计能够在不修改原有代码的情况下,灵活地扩展注册功能,提高了系统的安全性和注册流程的完整性。

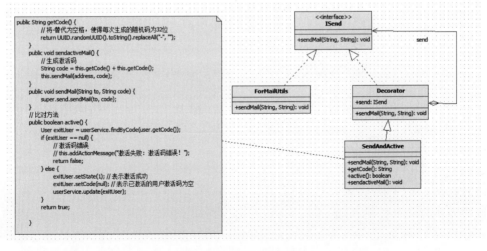

图 11-10　装饰模式类图

11.4 小结

福州大学二手购物网站是一个致力于解决大学生物品堆积问题的创新平台。通过搭建这个网站,我们为广大学子提供了一个便捷、安全、高效的二手交易平台,促进了校内二手商品的流通和再利用。

总体而言,福州大学二手购物网站为学生提供了更便捷的购物体验,推动了资源共享和可持续理念在校园中的普及,为建设更加绿色、可持续的校园社区贡献一份力量。本项目应用于福州大学计算机与大数据学院计算机科学与技术学术型/专业型硕士研究生课程"高级软件工程""软件体系结构"等,累计授课超过 500 人次,取得了优秀的教学效果。

第 12 章

DBLOG 博客系统项目①

随着博客数量的急剧增长,传统博客系统面临着内容管理、用户体验等方面的挑战。DBLOG 博客系统项目将以数字化博客系统的兴起为契机,致力于解决这些挑战,提升博客的创作、阅读和管理体验。DBLOG 博客系统项目的目标不仅在于将博客文化数字化,更在于激发创新、推动多样性,为博客平台的未来发展描绘新的篇章。

12.1 相关背景

随着互联网的蓬勃发展,博客文化逐渐成为人们分享思想、经验和知识的重要平台。博客不仅为个人提供了表达自己观点的舞台,也已经成为专业领域内分享见解的重要工具。然而,随着博客数量的迅速增长,传统的博客系统在面对大量内容和用户时显得"力不从心"。DBLOG 博客系统应运而生,旨在通过数字化手段优化博客管理与阅读体验,为用户提供更便捷、更智能的博客生态环境。

传统博客系统在日益增长的用户和内容规模下面临着一系列挑战。博客作者需要更灵活的编辑工具和多样化的内容展示方式,而读者希望通过智能推荐系统找到更符合个人兴趣的日记。同时,博客平台的管理者也需要更高效的管理工具来处理海量内容。DBLOG 博客系统项目对这些挑战作出了回应。本项目旨在构建一个创新性的博客平台,以满足各方需求,提高博客的质量。本系统将注重博客内容的多样性和创新性,鼓励用户以更富有表现力的方式分享他们的观点和故事。数字博客系统的崛起将为博客文化注入新的活力,为广大用户提供更丰富、智能化的博客体验,推动博客文化的不断演进。

---

① 本案例由周勉、刘煌、陈佳妍(来自福州大学 2016 级计算机技术和软件工程专业)提供。

12.2 需求分析

12.2.1 用例图

下面介绍本项目用户用例图(图 12-1)。

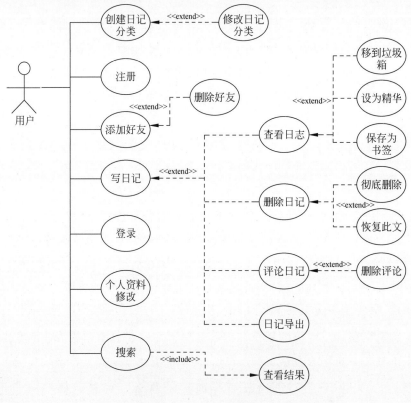

图 12-1 用户用例图

(1) 参与者:用户。

(2) 用例。

① 登录:用户使用用户名和密码登录。

② 注册:用户输入用户名、密码和个人信息进行注册。

③ 日记分类管理:日记分类管理包括创建日记分类和修改日记分类,便于用户管理

日记。

④ 日记管理：与日记管理相关的用例有写日记、查看日记、删除日记和导入导出日记等。

⑤ 好友管理：好友管理分为添加好友和删除好友。

⑥ 个人资料修改：用户可以自行修改个人资料，便于交友。

12.2.2　原型图

下面以系统主界面和热门日记界面为例介绍本项目的原型图设计。

如图 12-2 所示，系统主界面主要由以下几个核心组件构成：主菜单栏位于界面顶部，提供了导航到不同界面的选项（包括"日记""相册""音乐""个人中心""更多内容"选项），以帮助用户轻松浏览内容。搜索框位于页面的中心区域，为用户提供了一个方便快捷的搜索功能。用户可以在搜索框中输入想要查找的日记、照片或音乐相关的关键词，以便快速找到所需内容。

图 12-2　系统主界面

如图 12-3 所示的热门日记界面与系统主界面采用相同的画面风格。主要由以下几个核心组件构成：主菜单栏位于界面顶部，为用户提供了便捷的导航和互动选项，使浏览体验更加流畅。选择框位于主菜单栏的下方,用户通过选择框可以切换日记类型,便于查找感兴趣的热门日记。热门日记组件位于界面的中心区域,它展示了当前受欢迎或关注度较高的日记,并清晰地列出了日记的标题、简要介绍、作者以及创建时间等信息。通过这个组件,用户可以轻松发现社区中的热门话题或优质内容,这为用户提供了一种快速浏览和发现高质量内容的方式。

图 12-3   热门日记界面

12.3   系统设计

12.3.1   体系结构设计

本项目选择了 MyEclipse 作为开发工具,并采用 MySQL 作为数据库,以及 Tomcat 作为服务器。这一选择不仅源于这些工具的免费提供,更重要的是它们提供了强大而全面的功能支持。

本项目采用 Java 技术进行开发,具体采用了 Velocity＋Struts＋Hibernate3＋Lucene2 技术栈。Velocity 作为基于 Java 的模板引擎,在 Web 开发中发挥着重要作用。界面设计 人员通过 Velocity 能够与 Java 程序开发人员协同开发一个遵循 MVC 架构的 Web 站点。 这意味着,界面设计人员可以专注于界面的外观设计,而由 Java 程序开发人员负责处理业 务逻辑编码。Hibernate 作为开源的对象关系映射框架,对 JDBC 进行了轻量级的对象封 装,提高了开发效率。Apache Lucene 作为开源的搜索引擎,为 Java 软件提供了便捷的全 文搜索功能,使得本项目能够轻松实现全文搜索功能,为用户提供更好的检索体验。

开发工具的选择对项目的开发效率和质量至关重要。DBLOG 博客系统项目选择了 MyEclipse 作为主要的开发工具。MyEclipse 被广泛认可为最强大的 Java 项目开发工具之 一,具备工业标准的 JSP 开发环境、代码完成引擎以及功能齐全的调试器,为开发人员提供 了高效且全面的开发支持。

本项目的开发主要涵盖前后台模块,其中前台模块主要旨在展示博客发表的信息。后 台开发则侧重于管理前台数据,包括账号信息、日记信息以及好友信息等。

12.3.2　功能介绍

DBLOG 博客系统主要包括五大核心功能,分别为登录、注册、日记分类管理、日记管理 和好友管理。

根据功能架构图(图 12-4),介绍本项目的核心功能。

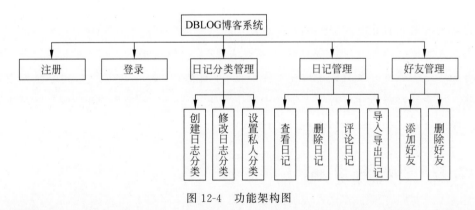

图 12-4　功能架构图

(1) 注册。

用户输入用户名、密码和个人信息进行注册。

（2）登录。

用户通过用户名和密码进行登录。

（3）日记分类管理功能。

日记分类管理包括创建日记分类、修改日记分类和设置私人分类。用户可以通过界面上的特定按钮选择创建新分类，然后设置分类名称、图标或颜色标识。修改日记分类允许用户对已经存在的分类进行编辑和调整。这包括修改分类名称、更改分类图标、更新分类颜色等。通过修改功能，用户可以随时调整分类结构以满足个人需求。私人分类是一个重要的隐私管理功能，允许用户为某些敏感或私密的日记内容创建特定的私人分类。这样，用户可以将一些不希望与其他人共享的日记放入私人分类中，确保这些内容只能被用户本人访问。设置私人分类涉及访问权限、密码保护等安全措施，以确保敏感信息的安全性。

（4）日记管理。

日记管理包括查看日记、删除日记、评论日记和导入/导出日记。查看日记是指用户可以方便地检索和浏览已经创建的日记内容。删除日记允许用户在不需要某个日记记录时将其从系统中移除。通常，用户可以通过选中特定的日记并单击"删除"按钮来执行此功能。系统会在删除日记之前提供确认提示，以防止误删，确保用户操作的准确性和安全性。评论日记使得用户能够在日记下方添加评论，与其他用户进行互动。导入导出日记功能允许用户在不同平台或系统之间迁移日记数据。通过导出功能，用户可以将日记保存为特定的文件格式，以备份或在其他平台上使用。而通过导入功能，用户可以将其他平台上的日记文件导入到 DBLOG 博客系统中。

（5）好友管理。

好友管理包括添加好友和删除好友。添加好友是指用户可以添加其他用户为好友，以便更方便地查看其日记、分享内容或进行即时通信。通常，用户可以通过搜索其他用户的用户名来发起好友添加请求。一旦对方接受请求，双方就会成为好友，可以互相查看和评论对方的日记。删除好友允许用户在不需要与某个用户保持好友关系时，将其从好友列表中移除。用户通常可以在好友列表中选中特定好友，并单击"删除"按钮来执行此功能。系统会在删除好友之前提供确认提示，以防止误删。

12.3.3　数据库设计

1. 实体关系分析

本项目根据系统功能需求设计了数据库逻辑结构，其由表 12-1 中的实体和属性构成。

实体关系描述如下。

(1) 用户：日记分类(1：n)。

关系描述：一名用户可以管理多个日记分类，同时一个日记分类只能由一名用户管理。

(2) 用户：日记(1：n)。

关系描述：一名用户可以管理多篇日记，同时一篇日记只能由一名用户管理。

(3) 用户：评论(1：n)。

关系描述：一名用户可以发表多条评论，同时一条评论只能由一名用户发表。

(4) 用户：好友(n：n)。

关系描述：一名用户可以拥有多位好友，同时一位好友也可以对应多名用户。

(5) 用户：消息(1：n)。

关系描述：一名用户可以发送多条消息，同时一条消息只能由一名用户发送。

(6) 日记：日记分类(n：n)。

关系描述：一篇日记可以对应多个日记分类，同时一个日记分类也可以对应多篇日记。

(7) 日记：评论(1：n)。

关系描述：一篇日记可以有多条评论，同时一条评论只能对应一篇日记。

(8) 好友：好友组别(n：1)。

关系描述：一位好友只能对应一个好友类别，同时一个好友类别中可以有多位好友。

表 12-1　实体-属性表

实　　体	属　　　　　性
用户	用户 ID、用户名、密码、角色、性别、电话等
日记分类	日记分类 ID、日记分类名称、日记分类描述、日记个数
日记	日记 ID、日记分类 ID、作者、标题、内容、天气、心情指标等
评论	评论 ID、作者、内容
好友	好友 ID、好友角色、好友组别 ID
好友组别	组别 ID、组别名称、组员个数
消息	消息 ID、消息内容、消息状态等

2．数据字典设计

本项目根据实体-属性表(表 12-1)设计了日记表、评论表和好友表等数据库表，如表 12-2所示。核心的数据库表的具体设计如表 12-3～表 12-10 所示。

表 12-2 数据库表

缩写/术语	解 释	缩写/术语	解 释
dlog_user	用户表	dlog_comments	评论表
dlog_catalog	日记分类表	dlog_friend	好友表
dlog_catelog_perm	用户-日记分类对应表	dlog_user_f_group	好友分组表
dlog_diary	日记表	dlog_message	消息表
dlog_photo	照片表		

表 12-3 用户表（dlog_user）

字 段 名	数 据 类 型	长 度	是否非空	是否为主键	备 注
user_id	int	11	是	是	用户 ID
username	varchar	40	是	否	用户名
password	varchar	50	是	否	密码
user_role	int	11	是	否	角色
sex	int	6	是	否	性别
birth	date	—	否	否	生日
email	varchar	50	否	否	邮箱
qq	varchar	16	否	否	QQ 账号
mobile	varchar	16	否	否	手机号
city	varchar	40	否	否	城市
address	varchar	200	否	否	地址
last_ip	varchar	16	否	否	最后 IP
online_status	int	6	是	否	上线状态
article_count	Int	11	是	否	日记个数
visitor	char	200	否	否	访问者
regtime	datetime	—	是	否	注册时间
last_time	datetime	—	否	否	最后登录时间

表 12-4 日记分类表（dlog_catalog）

字 段 名	数 据 类 型	长 度	是否非空	是否为主键	备 注
catalog_id	int	11	是	是	日记分类 ID
catalog_name	varchar	20	是	否	分类名称
catalog_desc	varchar	200	否	否	分类描述
article_count	int	6	是	否	日记个数
create_time	datetime	—	否	否	日期

表 12-5 用户-日记分类对应表（dlog_catelog_perm）

字 段 名	数 据 类 型	长 度	是否非空	是否为主键	备 注
catelog_id	int	11	是	是	日记分类 ID
user_id	int	11	是	是	用户 ID
user_role	int	11	是	否	角色

表 12-6　日记表（dlog_diary）

字 段 名	数据类型	长　　度	是 否 非 空	是否为主键	备　　注
dairy_id	int	11	是	是	日记 ID
user_id	int	11	是	否	用户 ID
catelog_id	int	11	是	是	日记分类 ID
author	varchar	20	是	否	作者
author_url	varchar	100	否	否	作者 URL
title	varchar	200	是	否	标题
content	text	—	是	否	内容
diary_size	int	11	是	否	日记大小
weather	varchar	20	是	否	天气
mood_level	int	6	是	否	心情指标
write_time	datetime	—	是	否	创建时间
modify_time	datetime	—	否	否	修改时间

表 12-7　评论表（dlog_comments）

字 段 名	数据类型	长　　度	是 否 非 空	是否为主键	备　　注
comment_id	int	11	是	是	评论 ID
author_id	int	11	是	否	作者 ID
author	varchar	20	否	否	作者
author_email	varchar	50	否	否	邮箱
author_url	varchar	100	否	否	作者 URL
title	varchar	200	是	否	标题
content	text	—	是	否	内容
comment_time	datetime	—	是	否	评论时间

表 12-8　好友表（dlog_friend）

字 段 名	数据类型	长　　度	是 否 非 空	是否为主键	备　　注
user_id	int	11	是	否	用户 ID
friend_id	int	11	是	是	好友 ID
friend_role	int	11	是	否	好友角色
friend_group_id	int	11	是	否	好友分组 ID
add_time	datetime	—	是	否	添加时间

表 12-9　好友组别表（dlog_user_f_group）

字 段 名	数据类型	长　　度	是 否 非 空	是否为主键	备　　注
group_id	int	11	是	是	组别 ID
group_name	varchar	64	是	否	组别名称
group_count	int	11	否	否	组员人数

表 12-10   消息表（dlog_message）

字 段 名	数据类型	长 度	是否非空	是否为主键	备 注
msgid	int	11	是	是	消息 ID
userid	int	11	否	否	接收用户 ID
from_user_id	int	11	是	否	发送用户 ID
from_user_name	varchar	50	是	否	发送用户名
content	text	—	是	否	消息内容
send_time	datetime	—	是	否	发送时间
status	int	6	是	否	消息状态

12.3.4 设计模式

1. 文档下载器

（1）需求。

提供多种日志导出格式。

（2）设计及实现。

① 生成不同格式的文档涉及不同的流程，因此需要为每一种文档格式单独定义一个文档生成器。下载器根据文档的类型选择相应的生成器，以确保生成过程符合文档格式的要求。

② 为了更好地支持拓展性，不宜将“文档类型”和“文档生成器”之间的映射关系硬编码在代码中。为此，采用“工厂模式”来创建文档生成器的实例，从而使系统更灵活且易于扩展。

③ 如图 12-5 所示，文档下载器的接口仅包含两个参数，即 id 和 webRoot。在使用第三方类库进行文档生成时，需要进行适配。在这个设计中，被适配者（Adaptee）为 iText 类，它是一个常用的用于生成 PDF 文档的类库。PDFDownload 类充当适配器的角色，负责将iText 类的功能适配到目标接口 IFileDownloader 类上。这种适配器模式的设计使得系统能够灵活地使用第三方类库，同时保持与目标接口的兼容性，提高了系统的可扩展性和可维护性。

2. 临时文件回收器

（1）需求。

每当用户请求下载一篇日记时，系统首先将该日记导出为后台临时文件，然后提供下

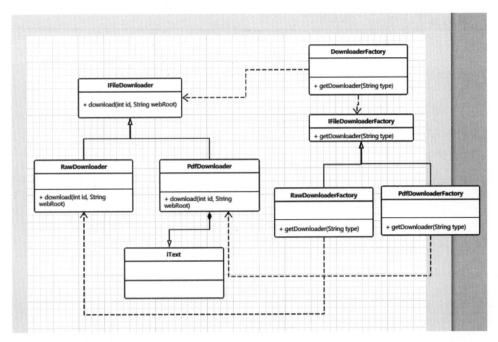

图 12-5　文档下载器类图

载链接。为了避免大量的临时文件导致服务器存储浪费,系统需要定期对这些临时文件进行清理。在进行清理时,需要注意以下几点。

① 为了避免用户在尚未完成下载时,临时文件已被清理,系统需要为临时文件设定一个生存时长,及时清除超时的文件。

② 避免多个回收器对同一个文件进行回收。

(2)设计与实现。

为防止多个回收器对同一文件进行回收,系统中仅允许存在一个临时文件回收器。为实现这一目标,需要将临时文件回收器设计为全局单例。每当新文件产生时,系统将该文件路径添加到回收器的列表中,并触发回收器的检查机制,以清除超时的临时文件。如图 12-6 所示,getInstance(appliocation,webroot)用于定义一个实例,setTimeOut(time)用于设置临时文件的生存时长,pushFile(FilePath)用于清除超时文件。

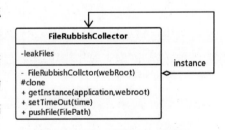

图 12-6　临时文件回收器类图

3. 代理模式

（1）需求。

设想一下家里有佣人的情况下，我们无须操心垃圾等琐碎事务。基于这个思路，考虑能否对日记的删除操作也进行类似的优化，于是设计了一个代理模式。

（2）设计与实现。

代理模式类图如图 12-7 所示，DiaryAction 充当了代理类，代理了 TrashOperationEntity 实体类。DiaryAction 通过调用 TrashOperationEntity 的方法来实现对日记的永久删除和恢复。这种代理模式的设计使得日记管理更加灵活，类似于佣人代劳的方式。

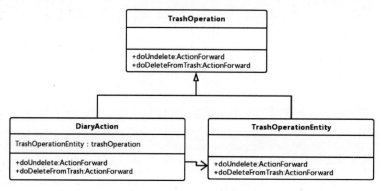

图 12-7　代理模式类图

4. 外观模式

（1）需求。

管理员客户端需要处理与日记相关的增、删、改、查操作，同时负责日记的推荐和屏蔽，还需要对用户信息进行修改，并进行权限管理。子系统之间存在相互调用，导致系统结构较为复杂。因此，为了简化操作，引入一个新的外观类。

（2）设计与实现。

如图 12-8 所示，设计了一个 AdminAction 外观类，将信息修改、与日记相关的增、删、改、查等操作分别划分为四个子系统。在使用时，AdminAction 首先创建这四个子系统的对象，然后调用这些子系统中的方法。这样，客户端只需与 AdminAction 交互，而不必直接处理每个子系统。

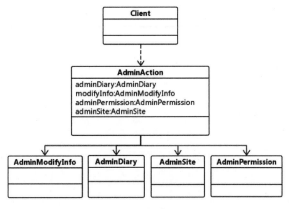

图 12-8　外观模式类图

5．策略模式和观察者模式

（1）需求。

每当用户发布一篇新日记时，如果该日记不是公开的，而是仅特定用户组可访问，那么该用户组内的所有好友都应当收到一条通知。该通知将简要说明新日记的相关信息，以便好友们了解并进行相应的访问。

（2）设计与实现。

① 由于仅有部分好友能够接收消息，因此需要对用户的好友列表进行一次过滤，根据相应的规则生成消息接收者列表。鉴于消息发送的方式保持固定，而未来可能会增加新的用户过滤规则，因此这里采用策略模式。将"过滤"方法独立成一个类（图 12-9 所示的 PrivilegeFilter 类），并通过依赖注入的方式传递给发送函数。

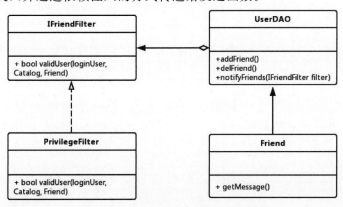

图 12-9　策略模式和观察者模式类图

② 每当用户添加新日记时,通过观察者模式将该日记的标题通知给每个符合条件的好友。

12.3.5　测试分析

本节展示用户注册、用户登录和查看日记等功能的测试分析(表 12-11)。

表 12-11　测试分析表

测 试 组 数	预 期 输 出	实 际 输 出
用户注册	用户注册成功	用户注册成功
用户登录	登录成功:返回用户 ID	登录成功:返回用户 ID
查看日记	查看成功:返回文章内容	查看成功:返回文章内容
添加好友	成功添加好友,好友列表显示	成功添加好友,好友列表显示
删除好友	好友从列表中消失	好友从列表中消失
创建日记分类	创建成功	创建成功
修改日记分类	该日记分类到该类别	该日记分类到该类别
设置私人分类只允许自己或者指定的好友阅读	设置私人分类成功	设置私人分类成功
将日记存为草稿	该日记存为草稿	该日记存为草稿
日记删除后存放于垃圾箱	日记删除后存放于垃圾箱	日记删除后存放于垃圾箱

12.4　小结

DBLOG 博客系统为用户提供了一体化、个性化的博客创作和分享平台。通过其直观而强大的用户界面,用户能够轻松创建独具特色的博客空间。系统不仅注重博客的外观设计,更强调社交互动,让用户能够方便地与他人分享、评论和交流。

总体而言,DBLOG 博客系统以其出色的用户体验、强大的功能和全面的隐私安全设计,为博客创作者和读者提供了一个富有活力和友好的在线社区。本项目应用于福州大学计算机与大数据学院计算机科学与技术学术型/专业型硕士研究生课程"高级软件工程""软件体系结构"等,累计授课超过 500 人次,取得了优秀的教学效果。

第 13 章

在线人才招聘系统项目[①]

随着信息技术的迅速发展,人才招聘已经迈入了数字化时代,在线人才招聘系统应运而生,成为这一创新浪潮的产物。在线人才招聘系统整合了先进的网络技术、数据分析技术以及智能算法,为企业提供了高效、便捷的招聘解决方案,同时也为求职者创造了更广阔的职业发展空间。

13.1 相关背景

随着信息技术的迅速发展和互联网的普及,人才招聘领域正在经历着巨大的变革。传统的招聘方式已经无法满足当今时代的招聘需求,企业和求职者都希望能够通过更高效、更智能的方式进行招聘和求职。

传统的人才招聘方式存在诸多问题和挑战。首先,传统招聘流程通常耗时长、效率低下,这包括发布职位、筛选简历、安排面试等烦琐环节,导致招聘周期拉长,增加了企业和求职者的等待时间。其次,人工筛选简历容易出现主观偏见,效率低下,且容易错过优秀人才。最后,求职者往往面临信息不对称和职位匹配度低的问题,难以找到符合自身能力和需求的工作机会。

综上所述,随着互联网和信息技术的发展,数字化招聘系统应运而生,为解决传统招聘方式存在的种种问题提供了新的解决方案。在线人才招聘系统充分利用先进的网络技术、数据分析技术和智能算法,实现了招聘流程的数字化、智能化和个性化。这一系统为企业和求职者提供了更高效、更便捷的招聘服务,助力企业和求职者实现人才与岗位的完美匹配,推动了人才招聘行业的进步和发展。

---

① 本案例由郭俊杰和封建邦(来自福州大学数计学院 2013 级)提供。

13.2 需求分析

13.2.1 用例图

下面介绍本项目系统用例图(图 13-1)。

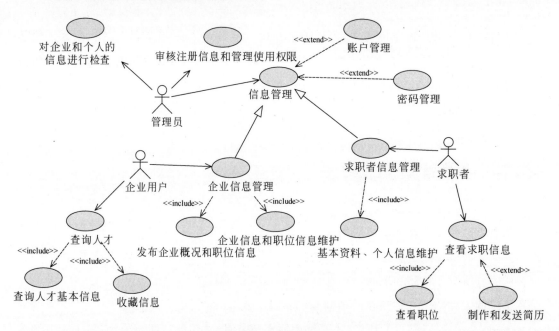

图 13-1　系统用例图

(1) 参与者：求职者、企业用户和管理员。

(2) 用例。

① 信息管理：信息管理涵盖求职者信息管理、企业信息管理、账户管理和密码管理。求职者信息管理指的是求职者添加或修改基本资料，并维护个人信息。企业信息管理则包括企业用户发布企业概况和职位信息，并对企业信息和职位信息进行维护。账户管理涵盖对系统中所有用户账户的管理，包括创建新账户、删除账户、重置密码以及监督账户活动等。密码管理涵盖对系统中所有用户密码的管理。这包括密码的创建、修改、重置和存储等操作。

② 查看求职信息：查看求职信息包括查看职位、制作和发送简历。查看职位指的是求

职者可以浏览系统中发布的各种职位信息,了解职位的具体情况以及公司信息等。制作简历指的是求职者可以利用系统提供的工具制作个人简历。个人简历中包括个人基本信息、教育背景、工作经历、技能专长等关键信息。发送简历指的是求职者可以选择感兴趣的职位,并将自己的简历发送给相应的公司或招聘人员,表达对该职位的求职意向。

③ 查询人才:查询人才包括查询人才基本信息和收藏信息。查询人才基本信息指的是查看求职者的个人基本资料,包括姓名、联系方式、教育背景、工作经历等信息。

④ 审核注册信息和管理使用权限:审核注册信息指的是管理员对新用户提交的注册信息进行审核和验证,确保注册信息的真实性和准确性。管理使用权限指的是管理员对用户的系统访问权限进行管理,包括用户的功能访问权限和操作权限,确保用户只能访问其权限范围内的数据,保障系统的安全和稳定运行。

13.2.2　原型图

下面以用户主界面为例介绍本项目的原型图设计。

如图 13-2 所示,用户主界面主要由以下几个核心组件构成:主菜单栏位于界面顶部,提供导航到不同部分的选项,以帮助用户轻松浏览内容;求职文章推荐栏位于主菜单栏的左下方,用于展示系统推荐的与求职相关的文章,帮助用户获取更多求职技巧和求职信息;

图 13-2　用户主界面

相关文章栏位于主菜单栏的右下方,用于展示用户感兴趣或与其求职意向相关的文章,帮助用户扩展知识面并了解行业动态。界面下半部分主要展示用户曾经投递过简历的职位信息,包括职位名称、公司名称、投递时间等,方便用户追踪和管理投递记录。

13.3　系统设计

13.3.1　功能介绍

如图 13-3 所示,在线人才招聘系统主要有五大功能:注册、登录、个人求职、企业招聘和求职文章。

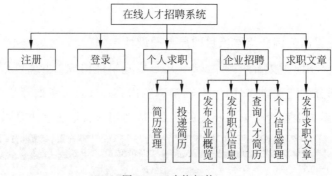

图 13-3　功能架构

(1) 注册:用户输入用户名、密码和邮箱进行注册。

(2) 登录:用户通过用户名和密码进行登录。

(3) 个人求职。

个人求职功能包括简历管理、投递简历。简历管理是指求职者使用本系统管理和维护个人的求职资料,通常包括个人信息、工作经历、教育背景、技能专长、项目经验等关键信息。投递简历是指求职者利用本系统向指定企业发送自己的简历,表达对特定职位的求职意向。

(4) 企业招聘。

企业招聘功能包括发布企业概览、发布职位信息、查询人才简历、发送邮件和个人信息管理。发布企业概览是指企业在本系统上公开展示企业的基本信息和特色,以吸引求职者的关注。发布职位信息是指企业在本系统上发布招聘职位的详细信息,包括职位描述、要求、薪资待遇等,以吸引合适的求职者应聘。查询人才简历是指企业通过搜索功能,查找并筛选符合其招聘需求的求职者简历信息。个人信息管理则是指企业用户可以在系统中管理自己的个人信息,让求职者更好地了解企业。

（5）求职文章。

求职文章功能主要由系统管理员负责,其主要作用是发布求职文章,旨在帮助求职者及时获取职场动态和相关信息。

13.3.2　数据库设计

1. 实体关系分析

本项目根据系统功能需求设计了数据库逻辑结构,其由表 13-1 中的实体和属性构成。实体关系描述如下。

（1）个人用户:个人简历(1∶1)。

关系描述:一名个人用户只能填写一份个人简历,同时一份个人简历只能对应一名个人用户。

（2）个人用户:求职文章(1∶n)。

关系描述:一名个人用户可以发表多篇求职文章,同时一篇求职文章只能由一名个人用户发表。

（3）个人用户:推荐职位(n∶n)。

关系描述:一名个人用户对应多个推荐职位,同时一个推荐职位也对应多名个人用户。

（4）企业用户:职位(1∶n)。

关系描述:一名企业用户可以发布多个职位,同时一个职位只能由一名企业用户发布。

表 13-1　实体-属性表

实　　体	属　　性
个人用户	个人用户 ID、密码、邮箱、姓名、性别、等级等
个人简历	个人用户 ID、真实姓名、手机号、邮箱、毕业学校等
企业用户	企业用户 ID、企业全称、企业员工数、企业地址、企业联系方式等
职位	职位 ID、个人用户 ID、职位全称、联系方式、工资等
求职文章	求职文章 ID、标题、内容、作者等
推荐职位	推荐职位 ID、职位名称、个人用户 ID 等
推荐人才	推荐人才 ID、真实姓名、个人用户 ID、教育背景等

2. 数据字典设计

本项目根据实体关系图，设计了用户表、个人简历表和职位信息表等数据库表，如表 13-2 所示。核心数据库表的具体设计如表 13-3～表 13-9 所示。

表 13-2　数据库表

缩写/术语	解　释	缩写/术语	解　释
user	个人用户表	article	求职文章信息表
resume	个人简历表	recommend_job	推荐职位信息表
enterprise	企业用户表	recommend_user	推荐人才信息表
job	职位信息表		

表 13-3　个人用户表（user）

字　段　名	数据类型	长　　度	是否非空	是否为主键	备　　注
userid	int	11	是	是	个人用户 ID
username	varchar	20	是	否	用户名
password	varchar	20	是	否	密码
name	varchar	20	是	否	真实姓名
email	varchar	30	是	否	邮箱
phone	varchar	255	是	否	手机号
addr	varchar	255	是	否	地址
level	varchar	5	是	否	用户等级，level 为 1 时表示用户为个人用户，为 2 时表示用户为企业用户
comname	varchar	50	是		意向公司

表 13-4　个人简历表（resume）

字　段　名	数据类型	长　　度	是否非空	是否为主键	备　　注
resume_id	int	11	是	是	简历 ID
userid	int	11	是	否	个人用户 ID
realname	varchar	255	是	否	真实姓名
birthday	varchar	255	是	否	生日
tel	varchar	255	是	否	手机号
email	varchar	255	是	否	邮箱
education	varchar	255	是	否	教育经历
occupation	varchar	255	是	否	意向职位
skill	text	—	否	否	擅长的技能

续表

字　段　名	数据类型	长　度	是否非空	是否为主键	备　注
award	text	—	否	否	获奖情况
exp	text	—	否	否	实习或工作经历
business	varchar	255	是	否	意向公司
sex	varchar	255	是	否	性别

表 13-5　企业用户表（enterprise）

字　段　名	数据类型	长　度	是否非空	是否为主键	备　注
enterprise_id	int	11	是	是	企业用户 ID
fullname	varchar	20	是	否	企业全称
personcount	char	10	是	否	企业在职人数
address	varchar	50	是	否	企业地址
phone	varchar	20	是	否	企业联系方式
email	varchar	20	是	否	企业邮箱
web	varchar	50	是	否	企业网址

表 13-6　职位信息表（job）

字　段　名	数据类型	长　度	是否非空	是否为主键	备　注
job_id	int	11	是	是	职位 ID
fullname	varchar	255	是	否	企业全称
type	varchar	255	是	否	职位类型
jobname	varchar	255	是	否	职位名称
workspace	varchar	255	是	否	工作地点
number	int	11	是	否	招聘名额数
education	varchar	255	是	否	教育经历要求
languagelevel	varchar	255	是	否	英语要求
tel	varchar	255	是	否	联系方式
email	varchar	255	是	否	邮箱
salary	varchar	255	是	否	薪资待遇
userid	varchar	255	是	否	发布者 ID

表 13-7　求职文章信息表（article）

字　段　名	数据类型	长　度	是否非空	是否为主键	备　注
articleid	int	11	是	是	求职文章 ID
title	varchar	255	是	否	标题
content	text	—	是	否	内容
author	varchar	255	是	否	作者

表 13-8　推荐职位信息表（recommend_job）

字　段　名	数据类型	长　　度	是否非空	是否为主键	备　　注
reccomendjob_id	int	11	是	是	推荐职位 ID
userid	int	11	是	否	个人用户 ID
fullname	varchar	255	是	否	企业全称
jobname	varchar	255	是	否	职位名称

表 13-9　推荐人才信息表（recommend_user）

字　段　名	数据类型	长　　度	是否非空	是否为主键	备　　注
recommenduser_id	int	11	是	是	推荐人才 ID
realname	varchar	255	是	否	真实姓名
occupation	varchar	255	是	否	职位
birthplace	varchar	255	是	否	出生地
userid	int	255	是	否	个人用户 ID
sex	varchar	255	是	否	性别
education	varchar	255	是	否	教育经历

13.3.3　设计模式

1．工厂模式

本项目采用了工厂模式来实例化对象，以替代直接使用 new 操作符的方式。这一模式在求职者用户和企业用户的注册环节中得到了体现。当用户在注册界面提交信息后，后台管理系统通过调用工厂方法，动态创建一个实例对象，并将其有效信息存储到数据库中。这种设计不仅提高了系统的灵活性和可维护性，还使得对象的创建过程更加可控且易于扩展。类图如图 13-4 所示，UserFactory 表示用户工厂，getUser()方法用于根据传入的参数创建用户对象，并返回创建的用户实例。

2．单例模式

通过单例模式，本项目确保了一个类只存在一个实例，并且该实例易于外部访问，从而便于控制实例数量并节省系统资源。图 13-5 中 DBConenctio 类中的 getConnInstance()方法就是一个例子。在本系统中，单例模式应用于数据库连接的创建阶段。这一设计不仅使得数据库连接的管理更加高效，同时也提高了系统整体的性能和资源利用率。

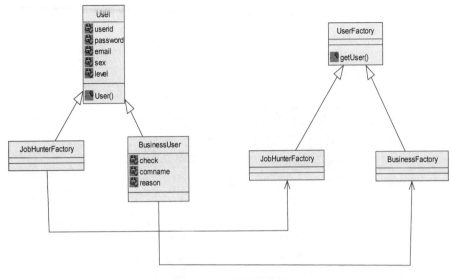

图 13-4　工厂模式类图

3．迭代模式

迭代器模式是一种用于遍历集合的成熟设计模式,其核心思想是将遍历集合的任务委托给一个被称为迭代器的对象。迭代器的职责是遍历并选择序列中的对象,而客户端程序员则无须关心底层集合结构的细节。迭代器模式的优点之一在于能够快速而方便地遍历集合。其次,迭代器模式使得相同的代码能够轻松应用于不同类型的容器,实现了代码的重用。本系统应用了迭代器模式来遍历

图 13-5　单例模式类图

用户对象(如图 13-6 所示),其中包括求职者用户和企业用户两种类型。通过定义各种遍历集合的方式,如获取从指定位置开始的元素,或根据参数确定所需元素的个数,我们在迭代器中引入了索引的概念,以便准确地追踪当前遍历的位置。这一设计增强了系统的灵活性和可维护性。

4．代理模式

本项目应用了代理模式来处理企业发布职位和查询人才的场景。在该模式下,代理类(图 13-7 中的 JobProxy 类)仅返回职位和人才的部分信息,职位和人才的详细信息只在需要的时候才被获取。这一策略有助于提高系统的运行效率和优化用户体验。

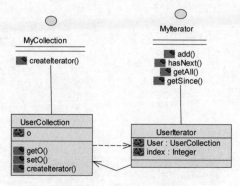

图 13-6　迭代模式类图

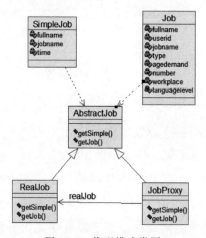

图 13-7　代理模式类图

5. 模板模式

模板模式是一种定义算法框架的设计模式,它将算法中的一些步骤延迟到子类中执行。在本项目中,我们应用了模板模式来实现人才推荐和职位推荐的功能。

以人才推荐功能为例,该算法的步骤包括:首先,获取推荐人才的邮箱;其次,进行数据库操作;最后,发送邮件。通过模板模式,可以将这个算法的框架定义好,具体步骤的实现则交由子类(图 13-8 中的 RecommendJob 类和 RecommendJobHunter 类,其中RecommendJob 类负责职位推荐,RecommendJobHunter 类则负责人才推荐)来完成。这种设计使得我们能够更灵活地扩展和定制推荐功能,同时保持了算法的整体结构和一致性。

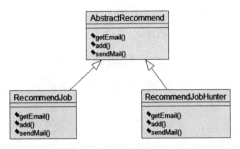

图 13-8 模板模式类

6. 状态模式

状态模式的主要目的是解决控制对象状态的条件表达式过于复杂的情况。将状态的判断逻辑转移到表示不同状态的一系列类中,从而简化原有的复杂判断逻辑。

在本系统中定义了三种状态:第一种状态是待审核状态(图 13-9 中的 Under 类),表示企业用户刚刚注册信息,需要等待管理员审核;第二种状态是审核通过状态(图 13-9 中的 Pass 类),表示管理员已通过企业用户的账号申请,企业用户可以在系统中发布信息并搜索求职者;第三种状态是审核未通过状态(图 13-9 中的 Unpass 类),表示管理员已拒绝企业用户账号申请。这种状态模式的设计使得状态的变化更加清晰、可维护,有助于提高系统的灵活性和扩展性。

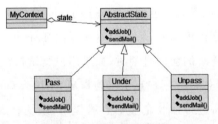

图 13-9 状态模式类图

13.3.4 运行设计

1. 运行模块组合

用户登录时,系统首先调用用户登录模块以验证用户身份。登录成功后,根据用户的身份类别,系统分别调用求职者用户和企业用户的不同模块。对于求职者用户,系统调用简历管理模块和职位浏览模块,使其能够管理个人简历并浏览感兴趣的职位信息;而对于企业用户,则调用企业信息管理模块和职位信息管理模块,以便其管理企业信息并发布招聘职位。此外,系统还实现了推荐模块,该模块会在有新的简历或职位发布时立即进行推荐,确保及时向用户提供最新的匹配信息,提高招聘匹配的精准度。

2. 运行控制

不论是求职者用户还是企业用户,都可以直接浏览首页的相关信息,但要进行进一步的操作都必须进行用户注册和登录。求职者用户登录后可以浏览系统职位库中的所有职位,并对感兴趣的职位投递简历。企业用户登录后同样可以浏览系统职位库中的所有职位,并能够创建企业信息、管理企业信息、发布职位、管理职位信息,并向求职者发送职位邀请。对于企业用户,进入系统后,必须首先填写企业的基本信息,并等待系统管理员审核。审核通过后,方可发布招聘职位并邀请求职者。

13.3.5 系统出错处理设计

1. 出错信息

(1) 用户在执行注册、登录、修改简历和修改企业信息等操作时,如果填写的数据不符合系统规范,系统会通过 JavaScript 返回警告框提示用户。

(2) 当网络不可用或路径出错时,系统会直接返回 Tomcat 的错误信息。

(3) 当用户未登录或登录的会话过期时,如果用户尝试执行创建简历、填写企业信息等操作,系统将会弹出一个警告框。用户点击警告框后,系统会自动重定向到登录界面。

(4) 未填写企业信息而进行修改企业信息操作时,系统将返回一个警告框。用户单击警告框后,系统会自动跳转到填写企业信息的界面。

(5) 未填写企业信息而进行显示企业信息操作时,系统将返回一个警告框,提醒用户需要先填写企业基本信息。用户点击警告框后,系统会自动跳转到填写企业基本信息的界面。

(6) 当企业用户未通过管理员审核而进行发布职位操作时,系统将返回一个警告框,提醒用户等待管理员审核。用户点击警告框后,系统会自动跳转到系统首页。

2. 补救措施

(1) 降效技术。

降效技术是指为了备份或替代某个系统、方法或流程而采用的备用技术。它通常使用效率稍低的系统或方法来完成部分任务，以确保即使原系统出现故障或不可用，也能继续获得所需的结果。举例来说，对于自动化系统来说，降效技术可能包括手工操作和对数据的人工记录。

（2）恢复及再启动技术。

恢复及再启动技术指的是一种将软件从故障点恢复执行或从头开始重新运行的方法。这些技术旨在确保系统能够在发生故障时尽快恢复正常运行。例如，恢复及再启动技术可以包括自动备份和系统快速重启等方法，以最小化系统中断时间并确保数据和功能的完整性。

（3）系统维护设计。

维护方面主要涉及对服务器上的数据库数据进行管理和维护。可以利用 MySQL 数据库的内置维护功能来实现这些任务。例如，定期进行数据库备份，以确保数据的安全性和完整性。同时，需要处理数据库中可能出现的死锁问题，确保数据操作的顺利进行。另外，还需要定期检查和维护数据库内部数据的一致性，以保证数据存储的正确性和可靠性。

13.3.6　测试分析

整个系统包含了以下几个模块：后台管理模块、企业招聘模块、个人求职模块等。其中，各大模块下还包括了多个子模块，在开发过程中需要对每个子模块进行测试与分析，由于模块过多，本节仅展示后台管理模块的测试分析（表 13-10～表 13-12）。

表 13-10　新增文章功能测试表

序号	文 章 标 题	文章类型	文 章 内 容	预期结果	实际结果
1	12333	面试技巧	asdfasdfasdfasdfasd	插入成功	插入成功
2	12333	面试技巧	asdfasdfasdfasd	插入失败	插入失败
3	如何做一名人见人爱的暑期实习生	面试技巧	针对性选择实习岗位实习是为就业打基础	插入成功	插入成功
4	如何做一名人见人爱的暑期实习生	笔试技巧	针对性选择实习岗位实习是为就业打基础	插入失败	插入失败
5	asdfas	笔试技巧	asdfasdf	插入成功	插入成功

表 13-11　求职者管理模块测试表

序号	用 户 ID	操　作	预 期 结 果	实 际 结 果
1	4321	取消删除	没有删除用户	没有删除用户
2	123123	取消删除	没有删除用户	没有删除用户
3	4321	确认删除	能够成功删除用户	能够成功删除用户
4	123123	确认删除	能够成功删除用户	能够成功删除用户

表 13-12　企业用户管理模块测试表

序号	审核状态	审核操作	预 期 结 果	实 际 结 果
1	未审核	审核通过	审核通过,企业用户的状态变为审核通过	审核通过,企业用户的状态变为审核通过
2	未审核	审核未通过	审核未过,企业用户的状态变为审核未过	审核未过,企业用户的状态变为审核未过
3	审核通过	查看状态	查看状态	查看状态
4	审核未通过	查看状态	查看状态	查看状态
5	未审核	取消审核	状态不变	状态不变

　　在后台管理模块中,我们对企业用户、个人用户信息以及求职文章信息进行管理。因此,在进行模块测试时,需要涵盖这三方面的功能。首先是企业用户管理功能。在这个模块中,管理员可以查看各个企业用户的状态,包括已通过、未通过和待审核。管理员可以对企业用户进行删除操作。当单击删除操作时,系统会提示是否确定删除。如果管理员点击取消,则不会执行删除操作;如果点击确定,则会从数据库中删除该企业用户的账号信息。对于未审核的企业用户,管理员可以对其进行审核操作。单击审核操作后,系统会跳转到审核页面,显示企业用户的相关信息。管理员需要对其进行审核,并填写审核通过与否的理由。管理员填写的理由必须有理有据,而不应随意填写。审核通过后,该企业用户的账号即可进行相应的操作。接下来是对个人求职模块的功能进行测试。在这个模块中,管理员可以对个人求职用户进行删除操作,操作流程与删除企业用户类似。最后,管理员可以对求职文章进行管理。管理员可以新增求职文章,并填写相应的信息,选择文章的类型,并填写文章内容。

　　由表 13-10 中的测试数据可以看出,当文章标题相同时,无论文章类型和文章内容是否相同,都无法添加进数据库。这是因为在这里我们将文章标题作为唯一标识,因此当文章标题相同时,无法继续添加新的记录。

　　根据表 13-11 中的测试数据显示,管理员在对求职者进行管理时的功能较为简单,主要是执行删除操作。在模块中,管理员有两个选项可供选择:确认删除和取消删除。经过测试发现,这两种操作都能够成功实现功能。

　　根据表 13-12 中的测试数据,管理员可以对企业用户进行状态管理。管理员可以通过审核企业用户的申请,从而赋予他们更多的权限;另外,管理员也可以选择不通过企业用户的审核,这样这些企业用户就无法发布招聘信息。

13.4 小结

在线人才招聘系统引入了智能匹配算法和大数据分析技术,对求职者简历和职位需求的深度匹配,提高了招聘的精准度和效率。同时,系统还提供了个性化的求职推荐和职业发展建议,为求职者提供了更广阔的职业发展空间。对于企业来说,系统提供了智能筛选和推荐功能,帮助企业快速定位合适的人才,降低招聘成本,提高人才匹配度。

总体而言,在线人才招聘系统为人才与企业之间搭建了更加高效、便捷的桥梁,推动了人才招聘领域的持续发展。本项目应用于福州大学计算机与大数据学院计算机科学与技术学术型/专业型硕士研究生课程"高级软件工程""软件体系结构"等,累计授课超过500人次,取得了优秀的教学效果。